本书由
国家社科基金重大项目"人工认知对自然认知挑战的哲学研究"（21&ZD061）
山西省"1331工程"重点学科建设计划
资助出版

认知哲学译丛

魏屹东／主编

认知现象学

Cognitive Phenomenology

〔美〕以利亚·丘德诺夫（Elijah Chudnoff）／著

王现伟／译

魏屹东／审校

科学出版社

北 京

图字：01-2018-0431

内 容 简 介

　　认知现象学是认知哲学的重要分支之一，它着重于从主观体验的角度探讨认知过程，以及认知过程与意识状态的关系，为探讨认知现象的本质和特征提供了新角度。本书围绕学界关于感觉现象与认知现象关系的争论，从六个方面——对思想的反思、现象对比论证、意识的价值、体验的时间结构、体验的整体性、现象特征与心理表征之间的关系——对认知现象的特征及相关争论进行了论证和澄清。

　　本书可供现象学、心灵哲学、认知哲学和心理学等学科的学生和研究者阅读，对于认知科学和人工智能领域的学者也有参考价值。

Cognitive Phenomenology, 1st Edition / by Elijah Chudnoff / ISBN: 9780415660259
Copyright © 2015 Elijah Chudnoff

Authorized translation from English language edition published by Routledge, part of Taylor & Francis Group LLC; All Rights Reserved.

本书原版由 Taylor & Francis 出版集团旗下，Routledge 出版公司出版，并经其授权翻译出版。版权所有，侵权必究。

Science Press is authorized to publish and distribute exclusively the Chinese (Simplified Characters) language edition. This edition is authorized for sale throughout Chinese mainland. No part of the publication may be reproduced or distributed by any means, or stored in a database or retrieval system, without the prior written permission of the publisher.

本书中文简体翻译版授权由科学出版社独家出版并仅限在中国大陆地区销售，未经出版者书面许可，不得以任何方式复制或发行本书的任何部分。

Copies of this book sold without a Taylor & Francis sticker on the cover are unauthorized and illegal.

本书贴有 Taylor & Francis 公司防伪标签，无标签者不得销售。

图书在版编目（CIP）数据

认知现象学 / （美）以利亚·丘德诺夫（Elijah Chudnoff）著；王现伟译. -- 北京：科学出版社，2024.9. --（认知哲学译丛 / 魏屹东主编）. – ISBN 978-7-03-079433-8

Ⅰ. B842.1

中国国家版本馆 CIP 数据核字第 20248W8S05 号

责任编辑：任俊红　陈晶晶 / 责任校对：贾伟娟
责任印制：赵　博 / 封面设计：有道文化

斜 学 出 版 社 出版
北京东黄城根北街 16 号
邮政编码：100717
http://www.sciencep.com

北京凌奇印刷有限责任公司印刷
科学出版社发行　各地新华书店经销
*
2024 年 9 月第　一　版　　开本：720×1000　1/16
2025 年 9 月第三次印刷　　印张：11 3/4
字数：219 000
定价：98.00 元

（如有印装质量问题，我社负责调换）

作 者 简 介

以利亚·丘德诺夫（Elijah Chudnoff），哈佛大学博士，现为美国迈阿密大学哲学教授，主要研究知识论和心灵哲学交叉的主题，发表了关于直觉、知觉、理性、意识、专门技能、知识和思维等方面的论文，出版了《直觉》（*Intuition*，牛津大学出版社，2013 年）、《认知现象学》（*Cognitive Phenomenology*，劳特利奇出版社，2015 年）、《形成印象：知觉和直觉的专门技能》（*Forming Impressions: Expertise in Perception and Intuition*，牛津大学出版社，2021 年）等专著。

译 者 简 介

  王现伟，男，河南省宜阳县人。2013 年毕业于吉林大学哲学系，获博士学位，现为洛阳师范学院马克思主义学院讲师，思想政治教育系主任。主持国家哲学社会科学后期资助项目 1 项，河南省哲学社会科学规划项目 1 项，在《社会科学战线》《科学技术哲学研究》《现代哲学》等期刊发表论文十多篇，出版专著《重读先哲胡塞尔》。

丛 书 序

与传统哲学相比，认知哲学（philosophy of cognition）是一个全新的哲学研究领域，它的兴起与认知科学的迅速发展密切相关。认知科学是 20 世纪 70 年代中期兴起的一门前沿性、交叉性和综合性学科。它是在心理科学、计算机科学、神经科学、语言学、文化人类学、哲学以及社会科学的交界面上涌现出来的，旨在研究人类认知和智力本质及规律，具体包括知觉、注意、记忆、动作、语言、推理、思维、意识乃至情感动机在内的各个层次的认知和智力活动。十几年以来，这一领域的研究异常活跃，成果异常丰富，自产生之日起就向世人展示了强大的生命力，也为认知哲学的兴起提供了新的研究领域和契机。

认知科学的迅速发展使得科学哲学发生了"认知转向"，它试图从认知心理学和人工智能角度出发研究科学的发展，使得心灵哲学从形而上学的思辨演变为具体科学或认识论的研究，使得分析哲学从纯粹的语言和逻辑分析转向认知语言和认知逻辑的结构分析、符号操作及模型推理，极大促进了心理学哲学中实证主义和物理主义的流行。各种实证主义和物理主义理论的背后都能找到认知科学的支持。例如，认知心理学支持行为主义，人工智能支持功能主义，神经科学支持心脑同一论和取消论。心灵哲学的重大问题，如心身问题、感受性、附随性、意识现象、思想语言和心理表征、意向性与心理内容的研究，无一例外都受到来自认知科学的巨大影响与挑战。这些研究取向已经蕴含认知哲学的端倪，因为众多认知科学家、哲学家、心理学家、语言学家和人工智能专家的论著论及认知的哲学内容。

尽管迄今国内外的相关文献极少单独出现认知哲学这个概念，精确的界定和深入系统的研究也极少，但研究趋向已经非常明显。鉴于此，这里有必要对认知哲学的几个问题做出澄清。这些问题是：什么是认知？什么是认知哲学？认知哲学与相关学科是什么关系？认知哲学研究哪些问题？

第一个问题需要从词源学谈起。认知这个词最初来自拉丁文"*cognoscere*"，意思是"与……相识""对……了解"。它由 *co+gnoscere* 构成，意思是"开始知道"。从信息论的观点看，"认知"本质上是通过提供缺失的信息获得新信息和新知识的过程，那些缺失的信息对于减少不确定性是必需的。

然而，认知在不同学科中意义相近，但不尽相同。

在心理学中，认知是指个体的心理功能的信息加工观点，即它被用于指个体的心理过程，与"心智有内在心理状态"观点相关。有的心理学家认为，认知是思维的显现或结果，它是以问题解决为导向的思维过程，直接与思维、问题解决相关。在认知心理学中，认知被看做心灵的表征和过程，它不仅包括思维，而且包括语言运用、符号操作和行为控制。

在认知科学中，认知是在更一般意义上使用的，目的是确定独立于执行认知任务的主体（人、动物或机器）的认知过程的主要特征。或者说，认知是指信息的规范提取、知识的获得与改进、环境的建构与模型的改进。从熵的观点看来，认知就是减少不确定性的能力，它通过改进环境的模型，通过提取新信息、产生新信息和改进知识并反映自身的活动和能力，来支持主体对环境的适应性。逻辑、心理学、哲学、语言学、人工智能、脑科学是研究认知的重要手段。《MIT 认知科学百科全书》将认知与老化（aging）并列，旨在说明认知是老化过程中的现象。在这个意义上，认知被分为两类：动态认知和具化认知。前者指包括各种推理（归纳、演绎、因果等）、记忆、空间表现的测度能力，在评估时被用于反映处理的效果；后者指对词的意义、信息和知识的测度的评价能力，它倾向于反映过去执行过程中积累的结果。这两种认知能力在老化过程中表现不同。这是认知发展意义上的定义。

在哲学中，认知与认识论密切相关。认识论把认知看作产生新信息和改进知识的能力来研究。其核心论题是：在环境中信息发现如何影响知识的发展。在科学哲学中就是科学发现问题。科学发现过程就是一个复杂的认知过程，它旨在阐明未知事物，具体表现在三方面：①揭示以前存在但未被发现的客体或事件；②发现已知事物的新性质；③发现与创造理想客体。尼古拉斯·布宁和余纪元编著的《西方哲学英汉对照辞典》（2001 年）对认知的解释是：认知源于拉丁文"*cognition*"，意指知道或形成某物的观念，通常译作"知识"，也作"*scientia*"（知识）。笛卡儿将认知与知识区分开来，认为认知是过程，知识是认知的结果。斯宾诺莎将认知分为三个等级：第一等的认知是由第二手的意见、想象和从变幻不定的经验中得来的认知构成，这种认知承认虚假；第二等的认知是理性，它寻找现象的根本理由或原因，发现必然真理；第三等即最高等的认知，是直觉认识，它是从有关属性本质的恰当观念发展而来的，达到对事物本质的恰当认识。按照一般的哲学用法，认知包括通往知识的那些状态和过程，与感觉、感情、意志相区别。

在人工智能研究中，认知与发展智能系统相关。具有认知能力的智能系统就是认知系统。它理解认知的方式主要有认知主义、涌现和混合三种。认知主义试图创造一个包括学习、问题解决和决策等认知问题的统一理论，涉及心理学、认知科学、脑科学、语言学等学科。涌现方式是一个非常不同的认知观，主张认知是一个自组织过程。其中，认知系统在真实时间中不断地重新建构自己，通过多系统-环境相互作用的自我控制保持其操作的同一性。这是系统科学的研究进路。混合方式是将认知主义和涌现相结合。这些方式提出了认知过程模拟的不同观点，研究认知过程的工具主要是计算建模，计算模型提供了详细的、基于加工的表征、机制和过程的理解，并通过计算机算法和程序表征认知，从而揭示认知的本质和功能。

概言之，这些对认知的不同理解体现在三方面：①提取新信息及其关系；②对所提取信息的可能来源实验、系统观察和对实验、观察结果的理论化；③通过对初始数据的分析、假设提出、假设检验，以及对假设的接受或拒绝来实现认知。从哲学角度对这三方面进行反思，将是认知哲学的重大任务。

针对认知的研究，根据我的梳理主要有 11 个方面：

（1）认知的科学研究，包括认知科学、认知神经科学、动物认知、感知控制论、认知协同学等，文献相当丰富。其中，与哲学最密切的是认知科学。

（2）认知的技术研究，包括计算机科学、人工智能、认知工程学（运用涉及技术、组织和学习环境研究工作场所中的认知）、机器人技术，文献相当丰富。其中，模拟人类大脑功能的人工智能与哲学最密切。

（3）认知的心理学研究，包括认知心理学、认知理论、认知发展、行为科学、认知性格学（研究动物在其自然环境中的心理体验）等，文献异常丰富，与哲学密切的是认知心理学和认知理论。

（4）认知的语言学研究，包括认知语言学、认知语用学、认知语义学、认知词典学、认知隐喻学等，这些研究领域与语言哲学密切相关。

（5）认知的逻辑学研究，主要是认知逻辑、认知推理和认知模型。

（6）认知的人类学研究，包括文化人类学、认知人类学和认知考古学（研究过去社会中人们的思想和符号行为）。

（7）认知的宗教学研究，典型的是宗教认知科学（cognitive science of religion），它寻求解释人们心灵如何借助日常认知能力的途径习得、产生和传播宗教文化基因。

（8）认知的历史研究，包括认知历史思想、认知科学的历史。一般的认知科学导论性著作都涉及历史，但不系统。

（9）认知的生态学研究，主要是认知生态学和认知进化的研究。

（10）认知的社会学研究，主要是社会表征、社会认知和社会认识论的研究。

（11）认知的哲学研究，包括认知科学哲学、人工智能哲学、心灵哲学、心理学哲学、现象学、存在主义、语境论、科学哲学等。

以上各个方面虽然蕴含认知哲学的内容，但还不是认知哲学本身。这就涉及第二个问题。

第二个问题需要从哲学立场谈起。

在我看来，认知哲学是一门旨在对认知这种极其复杂现象进行多学科、多视角、多维度整合研究的新兴哲学研究领域，其研究对象包括认知科学（认知心理学、计算机科学、脑科学）、人工智能、心灵哲学、认知逻辑、认知语言学、认知现象学、认知神经心理学、进化心理学、认知动力学、认知生态学等涉及认知现象的各个学科中的哲学问题，它涵盖和融合了自然科学和人文科学的不同分支学科。说它具有整合性，名副其实。对认知现象进行哲学探讨，将是当代哲学研究者的重任。科学哲学、科学社会学与科学知识社会学的"认知转向"充分说明了这一点。

尽管认知哲学具有交叉性、融合性、整合性、综合性，但它既不是认知科学，也不是认知科学哲学、心理学哲学、心灵哲学和人工智能哲学的简单叠加，它是在梳理、分析和整合各种以认知为研究对象的学科的基础上，立足于哲学反思、审视和探究认知的各种哲学问题的研究领域。它不是直接与认知现象发生联系，而是通过研究认知现象的各个学科与之发生联系，也即它以认知本身为研究对象，如同科学哲学是以科学为对象而不是以自然为对象，因此它是一种"元研究"。在这种意义上，认知哲学既要吸收各个相关学科的优点，又要克服它们的缺点，既要分析与整合，也要解构与建构。一句话，认知哲学是一个具有自己的研究对象和方法、基于综合创新的原始性创新研究领域。

认知哲学的核心主张是：本体论上，主张认知是物理现象和精神现象的统一体，二者通过中介如语言、文化等相互作用产生客观知识；认识论上，主张认知是积极、持续、变化的客观实在，语境是事件或行动整合的基底，理解是人际认知互动；方法论上，主张对研究对象进行层次分析、语境分析、行为分析、任务分析、逻辑分析、概念分析和文化网络分析，通过纲领计划、启示法和洞见提高研究的创造性；价值论上，主张认知是负载意义和判断的，负载文化和价值的。

认知哲学研究的目的：一是在哲学层次建立一个整合性范式，揭示认知现象的本质及运作机制；二是把哲学探究与认知科学研究相结合，使得认知研究将抽象概括与具体操作衔接，一方面避免陷入纯粹思辨的窠臼，另一方面避免陷入琐碎细节的陷阱；三是澄清先前理论中的错误，为以后的研究提供经验、教训；四是提炼认知研究的思想和方法，为认知科学提供科学的、可行的认识论和方法论。

认知哲学的研究意义在于：①提出认知哲学的概念并给出定义及研究的范围，在认知哲学框架下，整合不同学科、不同认知科学家的观点，试图建立统一的研究范式。②运用认知历史分析、语境分析等方法挖掘著名认知科学家的认知思想及哲学意蕴，并进行客观、合理的评析，澄清存在的问题。③从认知科学及其哲学的核心主题——认知发展、认知模型和认知表征三个相互关联和渗透的方面，深入研究信念形成、概念获得、知识产生、心理表征、模型表征、心身问题、智能机的意识化等重要问题，得出合理可靠的结论。④选取的认知科学家具有典型性和代表性，对这些人物的思想和方法的研究将会对认知科学、人工智能、心灵哲学、科学哲学等学科的研究者具有重要的启示与借鉴作用。⑤认知哲学研究是对迄今为止认知研究领域内的主要研究成果的梳理与概括，在一定程度上总结并整合了其中的主要思想与方法。

第三个问题是，认知哲学与相关学科或领域究竟是什么关系？

我通过"超循环结构"来给予说明。所谓"超循环结构"，就是小循环环环相套，构成一个大循环。认知科学哲学、心理学哲学、心灵哲学、人工智能哲学、认知语言学是小循环，它们环环相套，构成认知哲学这个大循环。也就是说，这些相关学科相互交叉、重叠，形成了整合性的认知哲学。同时，认知哲学这个大循环有自己独特的研究域，它不包括其他小循环的内容，如认知的本原、认知的预设、认知的分类、认知的形而上学问题等。

第四个问题是，认知哲学研究哪些问题？如果说认知就是研究人们如何思维，那么认知哲学就是研究人们思维过程中产生的各种哲学问题，具体要研究10个基本问题：

（1）什么是认知，其预设是什么？认知的本原是什么？认知的分类有哪些？认知的认识论和方法论是什么？认知的统一基底是什么？是否有无生命的认知？

（2）认知科学产生之前，哲学家是如何看待认知现象和思维的？他们的看法是合理的吗？认知科学的基本理论与当代心灵哲学范式是冲突，还是融合？能否建立一个囊括不同学科的统一的认知理论？

（3）认知是纯粹心理表征，还是心智与外部世界相互作用的结果？无身的认知能否实现？或者说，离身的认知是否可能？

（4）认知表征是如何形成的？其本质是什么？是否有无表征的认知？

（5）意识是如何产生的？其本质和形成机制是什么？它是实在的还是非实在的？是否有无意识的表征？

（6）人工智能机器是否能够像人一样思维？判断的标准是什么？如何在计算理论层次、脑的知识表征层次和计算机层次上联合实现？

（7）认知概念如思维、注意、记忆、意象的形成的机制和本质是什么？其哲学预设是什么？它们之间是否存在相互作用？心身之间、心脑之间、心物之间、心语之间、心世之间是否存在相互作用？它们相互作用的机制是什么？

（8）语言的形成与认知能力的发展是什么关系？是否有无语言的认知？

（9）知识获得与智能发展是什么关系？知识是否能够促进智能的发展？

（10）人机交互的界面是什么？脑机交互实现的机制是什么？仿生脑能否实现？

以上问题形成了认知哲学的问题域，也就是它的研究对象和研究范围。

"认知哲学译丛"所选的著作，内容基本涵盖了认知哲学的以上 10 个基本问题。这是一个庞大的翻译工程，希望"认知哲学译丛"的出版能够为认知哲学的发展提供一个坚实的学科基础，希望它的逐步面世能够为我国认知哲学的研究提供知识源和思想库。

"认知哲学译丛"从 2008 年开始策划至今，我们为之付出了不懈的努力和艰辛。在它即将付梓之际，作为"认知哲学译丛"的组织者和实施者，我有许多肺腑之言。一要感谢每本书的原作者，在翻译过程中，他们中的不少人提供了许多帮助；二要感谢每位译者，在翻译过程中，他们对遇到的核心概念和一些难以理解的句子都要反复讨论和斟酌，他们的认真负责和严谨的态度令我感动；三要感谢科学出版社编辑郭勇斌，他作为总策划者，为"认知哲学译丛"的编辑和出版付出了大量心血；四要感谢每本译著的责任编辑，正是他们的无私工作，才使得每本书最大限度地减少了翻译中的错误；五要特别感谢山西大学科学技术哲学研究中心、哲学社会学学院的大力支持，没有它们作后盾，实施和完成"认知哲学译丛"是不可想象的。

魏屹东

2013 年 5 月 30 日

译　者　序

近几年来，认知哲学作为一个重要的前沿哲学领域，已经引起了我国学者的关注。认知哲学的核心论题是：在环境中发现的信息如何影响知识的发展？传统的西方认知哲学有现象学和分析哲学两大走向，新近出现了一种趋势，即追求将两者融合在一起的倾向。总的来说，从分析哲学角度研究认知的比较多，而从现象学角度入手的比较少，能够结合两者又有一些综合性发展的就更少见。《认知现象学》这本著作，在这方面做出了一些初步的探索和有益的尝试。认知现象学作为认知哲学的一个分支，它的研究对象是"认知现象"。它最关心的问题是：认知现象是如何可能的？或者说认知现象与感觉现象有什么本质的不同吗？

译者在这里打算对本书的内容做扼要的梳理，以帮助初步接触认知现象学的读者理清思路。在引言部分，作者设置了理解、直觉、看见、反应等四种认知情境，并对不同情境中知觉状态的变化进行了分析。虽然在这四种情境中，人们对于认知对象在瞬时所达到的理解不同，但是它们在现象状态上都有了明显的变化。由此出发，作者提出了认知现象学争论的主题（也是本书的主题），即现象状态有哪些不同的种类，是否存在着认知意义上的现象状态，还是说只有感觉意义上的现象状态。为了清楚说明和回答相关问题，作者专门对现象状态、感觉状态、认知状态，以及心理状态、心理事件、环境见证者等概念进行了解释。还是在这一部分，作者提出了认知现象学最关心的四个命题——不可还原性命题、现象在场命题、独立性命题和认知现象意向性命题，并做了简要说明。

第一章审视的是，通过诉诸内省来解决认知现象学争论的主张。认知现象学作为研究认知能力的理论，当然涉及认知对象的存在，或者说如何把握认知对象的"真实的样子"是它的题中之义。但是认知现象学作为现象学，它不可能像朴素的客观主义那样确定其步骤，而是要返回人类的精神生活，在探索人的精神生活内部的结构中追问人类的认知之谜。因此，人们很自然的想法就是，通过诉诸内省来解决相关的问题。但对于本书而言，它要回答的问题并不是内省是否能够达到对于"认知对象"的把握，而是内省是否能够实现对于"不可还原性命题"的把握。不可还原性命题和内省有密切的关联，但是本书并不认为对该命题的讨论只有从内省出发一条路径。该章积极评价了内省在认知现象学争论中应有的作用，并对各种诉诸内省的论证进行了评估，最后提出应该坚持一种中间路线的观点。作者援引戴维·皮特（David Pitt）、德雷斯克（Dretske）、迈克尔·泰伊（Michael Tye）等人的成果，对不可还原性命题的细致分析，既有现象学的内在主义风格，也继承了分析哲学的逻辑主义传统，可以说是体现本书特色的经典案例之一。

第二章继续探讨不可还原性问题，并通过现象对比论证来进行。本书所谓的现象对比不是一般而言的事物或事件之间的对比，而是由处于现象状态中的比较相似的两个案例组成的组合。以对比案例为起点进行论证，类似于我们经常使用的举证分析，属于实证主义方法的通常应用。该章应用这种方法，旨在凸显在不同的认知情境下，人们在现象状态上所发生的明显变化，本书作者用"现象差异"这个概念表达了相同的含义。现象差异既可以表达不同案例中不同主体在现象状态上的差异，也可以表达同一主体经历了时间和空间变化之后所引起的现象上的变化。该章把关于现象差异的无争议的、借助内省已经认识的主张，看成是支持不可还原性的论证前提，并把现象对比论证分成了三类：纯粹现象对比论证、假设现象对比论证、解释性现象对比论证。接着，对这些论证的合理性和挑战进行了分析。需要说明的是，无论是纯粹现象对比论证、假设现象对比论证，还是解释性现象对比论证，都是作者为了更好地解释而建构出来的对比案例，它们带有非常明显的假设性和理想化色彩。

第三章讨论现象学与价值之间的关系，作者试图从价值论上为不可还原性命题的合法性提供一些辩护。快乐和免于痛苦的自由，是唯一值得追求的最终目的。这个是常识，也是密尔的价值论告诉我们的观念。通过引入密尔的价值论，作者指出，"纯粹的感觉"不能和"智力"一样提供同等的快乐，因此应该存在着与智力体验相关的现象学，这与感觉体验提供的"更低"的快乐的现象学截然不同。这是一个类比性的简单论证。该章从对价值的反思出发，主张不可还原性命题为真，至少是因为存在着高于感性快乐的那种思想上的快乐。虽然从结果上看，这样的论证方式并不十分有效，但作者意在表明，价值、现象学和有意识思想之间存在着一些联系。在第二节中，作者考虑了加伦·斯特劳森（Galen Strawson）从趣味性出发的论证，并把它看成是一个从反思角度对不可还原的认知现象学展开价值论证的例子。作者认为斯特劳森的论证有漏洞，并提出了弥补这一漏洞的方法。他的策略是集中讨论米莉安（Millian）的观点，即认为一些认知状态在价值上不同于所有的感觉状态。在第四节中，作者发展并评估了两种支持该观点的途径。

在第四章，作者通过引入"有意识思想"这个概念，考察了一些反对不可还原性命题的论证。这里说的有意识思想，指的是一类特殊的有意识的认知状态。之所以用"特殊的"这个词语来限定，是因为作者认为这一类的认知状态都有其内在的结构，即命题态度结构。根据科学哲学的语义学理论，各种命题态度都包括两个方面，即态度和命题内容两个方面。但是，有的有意识的认知状态并不具有这样的结构。从这个意义上说，并非所有有意识的认知状态都是有意识思想。作者还认为，有意识思想通常表现出独特的时间结构，因此通过分析时间性来挑战关于不可还原性的论证。通过引入威廉·詹姆斯（William James）的意识流观点，以及彼得·吉奇（Peter Geach）对此观点的批评，作者重点讨论了意识流的持续性和不连续性等特征。在第四至第六节中，作者阐述并评估了三种不同的论证，这些论证挑战了有意识思想具有不可还原性的认知现象学的观点。而且，每个论证都在一定程度上借鉴了詹姆斯与吉奇的争论。

第五章引入了独立性命题，讨论了独立性命题的成立条件及其与不可还原性命题的关系。虽然不可还原性在逻辑上并不意味着独立性，但独立性的问题却影响着不可还原性。通过对杰西·普林茨（Jesse Prinz）的额外模态论证、亚当·鲍茨（Adam Pautz）的缺失性解释论证，以及现象整体论的讨论，该章试图指出，在大多数情况下，认知现象状态并不独立于感觉现象状态而存在。

第六章引入了意向性概念，主要讨论的是现象状态与认知意向状态之间的关系。涉及的主要问题是：究竟是现象状态决定认知意向状态，还是认知意向状态决定现象状态，甚至是，两种状态之间并不具有决定关系？作者分析了认知意向性理论的主张，以及它们的根据和难题。其基本结论是：认知现象意向性的地位仍然是一个悬而未决的问题。

这部专著有许多可贵之处。第一，作者重点研究了近年产生和发展起来的认知现象学的研究新框架，同时对支持者和反对者双方的主张进行了全面的论述与分析，并将其概括为认知现象学研究框架。一方面指出了内省、价值论对认知现象学的支持；另一方面则指出独立性、时间、意向性与认知现象学的理论关联。第二，作者在界定认知现象学内涵的基础上，通过引入现象状态、认知状态、命题态度等概念，对人类的心理状态进行了新的描述；与此同时，在讨论具体理论的时候，充分利用案例和逻辑分析来进行，体现了心灵哲学偏重语言分析的一贯传统，很好地融合了现象学与分析哲学的优良风格。第三，作者在研究中比较重视对案例的选择和使用，比如对理解、直觉等案例的使用，对僵尸、孪生奥斯卡的案例，以及其他更多案例的使用，很好地实现了抽象理论的具体化。当然，认知状态与感觉状态之间的关系本身是一个问题，从普遍的意义上谈论认知现象是另外一个相关的问题。总之，本书的探索是有创新性的，堪称当代西方认知现象研究中的一部拓新之作。

导　　语

　　现象学研究的是关于心灵的主观方面，例如与视觉和触觉相关的意识状态，以及与情感和情绪相关的意识状态如高兴或者悲伤之类的感觉。这些状态都有属于自身的第一人称"感觉"的独有特征，被称为现象特征。在这一方面，它们通常被认为与有关思想的心理状态和过程有着根本的不同。

　　这是一本全面质疑这一正统观念并探索认知现象学前景的书，它将现象学应用于思想和认知的研究。认知有它自己的现象特征吗？内省能告诉我们这个问题的答案吗？如果意识像詹姆斯所说的那样流淌在一条不间断的"溪流"中，那么一系列断断续续的思想又是如何融入其中的呢？

　　作者以利亚·丘德诺夫（Elijah Chudnoff）首先澄清了关于认知现象学争论的性质，以及与之相关的概念和论题的脉络。随后，他研究了以下主题：

- 反思和了解我们自己的思想
- 现象对比论证
- 意识的价值
- 体验的时间结构
- 体验的整体性以及感觉和认知状态的相互依赖性
- 现象特征与心理表征之间的关系

　　这本书包括注释、拓展阅读和词汇表，对于任何想要寻求对认知现象学进行清晰而翔实的介绍和评估的人——无论是哲学学科的学生还是研究者，它都是必不可少的阅读材料。对于心灵哲学、心理学和认识论哲学等相关学科的研究者而言，本书也是有价值的阅读文本。

　　本书属于"哲学新问题"[①]**系列。**

　　系列编辑：约瑟·路易斯·贝尔穆德斯（José Luis Bermúdez）。

　　劳特利奇（Routledge）的"哲学新问题"系列有一个最令人印象深刻的热门议题的专题安排，针对的是哲学领域的高水平本科生和研究生，以及其他对

---

① 《认知现象学》英文原版书所属丛书名称。——译者注

前沿哲学研究感兴趣的人。作者都是在各自领域有影响力的人物，尤其擅长综合和公正、全面地解释错综复杂的话题。

——约翰·黑尔（John Heil），澳大利亚莫纳什大学和美国圣路易斯华盛顿大学

这是一个杰出的专题系列。题目选得很好，作者也很出色。它们将成为各种课程的优秀文本。

——斯蒂芬·施蒂奇（Stephen Stich），美国罗格斯大学

"哲学新问题"系列为当代哲学中最重要的问题提供了可理解的和有吸引力的探究。每本书都考察了近年来哲学界出现的一个话题或主题，或者是根据最近在哲学和相关学科的工作而更新的一个长期存在的问题。本丛书清晰地解释了当前哲学问题的性质，并评估解决问题的各种尝试，对于希望深入研究单个主题的本科生和研究生来说，这是一个很好的起点。它们也将是专业哲学研究者的必备读物。附加功能包括拓展阅读和词汇表。

可进一步利用的读物如下：

Analyticity，Cory Juhl and Eric Loomis

Fiction and Fictionalism，Mark Sainsbury

Physicalism，Daniel Stoljar

Noncognitivism in Ethics，Mark Schroeder

Moral Epistemology，Aaron Zimmerman

Embodied Cognition，Lawrence Shapiro

Self-Knowledge，Brie Gertler

Semantic Externalism，Jesper Kallestrup

Consequentialism，Julia Driver

即将出版的读物包括：

Imagination，Fabian Dorsch

Emergence，Patrick McGivern

Disjunctivism，Matthew Soteriou

Perception，Adam Pautz

Metaphysics of Identity，André Gallois

Modal Epistemology，Otávio Bueno and Scott Shalkowski

Images，John V. Kulvicki

Attention，Wayne Wu

Egalitarianism，Iwao Hirose

Social Metaphysics，Amie L. Thomasson

Consciousness，Rocco J. Gennaro
Relativism，Maria Baghramian and Annalisa Coliva
Abstract Entities，Sam Cowling
Cognitive Architecture，Philip Robbins
Properties，David Robb

献给 博蕴·金（Bohyun Kim）

看哪，当我们读到"爱你的邻人如爱己"（《马太福音》第 22 章第 39 节）时，就会出现三种类型的视觉：第一种是通过眼睛，通过眼睛我们看到文字本身；第二种是通过人的精神，通过精神我们想起邻居，即使这个时候邻居并不在场；第三种是通过心灵的参与，通过心灵我们理解和看到爱本身。

——圣·奥古斯丁

致　　谢

2008 年 10 月，特里·霍根（Terry Horgan）和乌利亚·克里格尔（Uriah Kriegel）在亚利桑那大学主办了一个关于现象意向性的研讨会。我发布了关于"智力格式塔"的一个早期版本的说法。其他的演讲者是：法里德·马斯鲁尔（Farid Masrour）、米歇尔·蒙塔古（Michelle Montague）、阿尔瓦·诺埃（Alva Noë）、皮特、苏珊娜·西格尔（Susanna Siegel）、查尔斯·西沃特（Charles Siewert）和斯特劳森。在这个会议上，大家关于认知现象学进行了大量的讨论。我自己对这个话题的很多思考，都是在对会议中展现的案例、异议、辩论，以及对最初引起我注意的观点的反思中发展起来的。我要感谢所有参加这次会议的人，是他们激发了我对认知现象学的兴趣，并为进一步思考提供了丰富的素材。

2011 年 11 月至 2013 年 11 月期间，我有幸参加了弗里堡大学四次不同的研讨会和一次专题研讨课。其中一些讨论涉及的内容已经写入我的早期著作《直觉》中。另一些内容已经进入本书。所有这些都是进行哲学讨论的有益切入点。我要感谢法比安·多尔什（Fabian Dorsch）、费奥纳·麦克弗森（Fiona Macpherson）、安妮·梅兰（Anne Meylan）、雅各布·奈托（Jacob Naito）、马丁尼·尼达-罗曼尼（Martine Nida-Rümelin）和詹弗朗科·索尔达蒂（Gianfranco Soldati），感谢他们的组织和贡献。在专题研讨会上，奈托向我介绍了本书第四章讨论的问题。最后一次研讨会是专门讨论认知现象学的，在那里，我遇到了蒂姆·贝恩（Tim Bayne）[1]和彼得·福雷斯特（Peter Forrest），并从他们身上受益匪浅。

感谢大卫·布尔盖特（David Bourget）、霍根、克里格尔、安吉拉·门德洛维奇（Angela Mendelovici）、蒙塔古、尼达-罗曼尼、皮特、西沃特、史密西斯和斯特劳森，对他们通过电子邮件以及在其他各种环境下对于认知现象学和我进行的有益讨论表示感谢。感谢贝恩、西沃特，以及一位匿名读者对本书的早期草稿发表的慷慨的书面评论，使本书有望带来更好的

---

① 蒂姆·贝恩（Tim Bayne）和蒂莫西·J. 贝恩（Bayne, Timothy J.）是同一人，前者是简称，后者是其全名。在本书正文中作者使用的是简称蒂姆·贝恩（Tim Bayne）或者贝恩（Bayne），全称只在索引和参考文献中给出。——译者注

效果。感谢阿泽内特·洛佩斯（Azenet López）帮助我准备出版手稿。感谢托尼·布鲁斯（Tony Bruce）和亚当·约翰逊（Adam Johnson）的编辑指导。

目　　录

引　言

想象一下你置身于以下情境：

[理解] 你正在努力阅读一份药物说明书，这份说明书是一名兽医为你的狗开的处方。最初，你难以理解它的意思。然后，你发现上面写着每天两次，连服一周。

[直觉] 在一本书中，你读到"如果 $a<1$，那么 $2-2a>0$"，并且你想知道这是不是真的。然后你会发现，a 小于 1 使得 $2a$ 小于 2，所以 $2-2a$ 大于 0。

[看见] 你正在狗狗公园里寻找你的狗。起初，你无法从一大群狗中分辨出它。但是接下来，你看见它正在那儿追逐一个网球。

[反应] 在新闻中，你读到孟加拉国服装厂的一栋厂房倒塌的报道，工人们被命令继续工作而不顾建筑物发出的安全警告。这使你感到悲伤和愤怒。

在这四种情境中，前两种情境中的认知状态发生了变化。最初，你不能理解或者无法领悟什么。但是，接下来你理解或者领悟了。在后两种情境中，广义上的知觉状态发生了变化。最初，你看不到或者没有情感上的反应。接下来，你看到了并且有了情感上的反应。

在以上所有情境中，现象状态上都有变化。在你理解、直觉、看见或者反应之前，你会感觉好像有某种东西存在。在你理解、直觉、看见或者反应的那一刻，你也会感觉好像有某种东西存在。并且，在进入这些心理状态之前感觉它所是的样子，与处于这些心理状态时感觉它所是的样子是不同的。

在最近的关于认知现象学的文献中，讨论的主要问题可以大体概括为：前两种情况中展示出来的现象状态的变化，与后两种情况中展示出来的现象状态的变化相比，它们在性质上有本质的区别吗？认知现象学的支持者认为有本质的区别，他们相信存在认知意义上的现象状态。反对者则认为这样的区别不存在，根据这些人的观点，所有的现象状态都是感觉状态。

本书主要探讨的就是这个问题，以及在探讨这个问题时引发的相关哲学问题。在第一节，我将讨论一些探讨这个问题的动机。在第二节和第三节，我将澄清一些术语的含义并对一些看起来比较重要的术语进行辨析。

第一节 写作动机

为什么要费心研究认知现象学？

解释这个问题的思路之一是关注其更加广阔的哲学背景。这种观点是说，认知现象学之所以值得探索，是因为它对哲学的其他领域具有重要意义。比如，有多种理由让人相信，认知现象学的重要地位与认识论、价值论、语义学等领域讨论的问题有关。我将尝试对其中的每一个问题都进行讨论。当然，相对于我能提供的，这里涉及的主题值得进行更加广泛的讨论。讨论的目的不是要对其中任何一个问题作出最终结论。确切地说，这些讨论仅仅是要为后续的更加详细的探索和研究，提供一些哲学上的背景。[1]

[认识论]假定你想知道你的邮箱里是否有邮件，显而易见的做法是去看一看。假定你看了并且看到邮件在那里。在这种情况下，你获得了相信邮箱里有邮件的正当理由（justification）。然而，假设当你看向邮箱时，某些事情阻止了信息正常通过你的视觉系统，从而影响了事物在你的视觉中呈现。在这种情况下，你无法获得相信你的邮箱里有邮件的正当理由。即使同样的关于环境的视觉检测信息，在你的大脑中以某种方式被表征，如果它没有造成任何的现象差异，那么它也不会造成任何的认知差异。

现在考虑[直觉]的例子（见前面列举的案例）。如果你想知道，"如果 $a<1$，那么 $2-2a>0$" 是不是真的，明显要做的事情是思考它。假定你思考了并且逐渐"看见""如果 $a<1$，那么 $2-2a>0$"是真的。在这种情况下，你有正当理由相信"如果 $a<1$，那么 $2-2a>0$"是真的。

关于这个正当理由，很自然地可以提出两种不同的理解。第一，在某种意义上，它与你相信邮件在你的邮箱里时所拥有的正当理由属于不同的类型。特别要指出的是，它是一个先验的理由。这意味着它本质上不依赖于感觉经验。即使有感官上的活动引导你获得了正当理由，让你相信"如果 $a<1$，那么 $2-2a>0$"是真的，这些感官上的活动也不构成你获得的正当理由。第二，尽管存在着这种区别，但也有另外一种理解方式，即在某种意义上，这个正当理由类似于你相信邮件在邮箱里时所具有的正当理由。很特别的是，它是能知觉到的现象。这意味着它本质上依赖于某种类型的经验。假定你透彻地思考了"如果 $a<1$，那么 $2-2a>0$"是否为真这一问题，并且所有的细节都考虑到位，但就在你即将"看到"真相的时候，却没有任何新的现象发生。相对以前发生的事情，这里伴随着"看"的行为没有任何的现象差异发生。即使所有以认知方式发现的关于算术关系的信息，以某种方式呈现在你的大脑里，如果它没有造成任何现象上的差异，那么它就不会造成认知上的差异。

假定所有的现象状态都是感觉状态，就会导致一个严重的问题。我们将会发现，我们自己已给出了如下承诺：相信命题"如果 $a<1$，那么 $2-2a>0$"为真的正当理由并不是由感觉经验构成的，而是由某种体验构成的，同时一切体验都是感觉经验。显然，有些东西不得不被放弃。

一些哲学家会拒绝承认上述理由与现象学之间的联系。也许从总体上拒绝，或者只是针对相信命题"如果 $a<1$，那么 $2-2a>0$"为真的理由如此。另一些哲学家则拒绝承认正当理由独立于感觉经验的观点——也就是说，拒绝承认它是先验的。这当然是最近在认识论领域常见的观点。但是，另外一个选项是，如果质疑那种认为一切现象状态都是感觉状态的观点，那么，就有可能在现象上部分地构成了一个先验理由。弄清楚这项工作在多大程度上具有可行性需要更清晰地研究认知现象学。因此，有一些来自认识论的动机促使我们致力于这样一项研究。

[价值论] 在通常情况下，踩到一根针是不好的。在某些情况下，可能因为针是一种专用物品，不应该被踩上去。在另一些情况下，可能因为踩到的那根针是脏的，除非采取预防措施，否则会导致进一步的并发症。然而，在大多数情况下，踩到针都是不好的，因为它会给你带来伤害。以其中一种情况为例，现在想象一个变题：你踩到了针，但某物阻止了它伤害你。如果这根针既不是专用物品也不是脏的，并且假定你并没有感觉到任何疼痛，那么在这种情况下踩到针似乎并不是不好的，或者至少不是那么不好。可见，即使发生了相同的物理和生理事件，如果它们没有造成任何的现象差异，那么它们对一个人也就没有造成影响，或者至少没有造成同其他人一样的影响。

现在考虑一下你生活中的其他方面，它们的存在主要不在于保证你的脚远离针。比如你思考哲学命题、解决逻辑难题、冥思苦想论证的结构，等等。这是你的智力生活，其中的各种事件都有益于增进你的福祉。

至少对其中一些事件而言，人们会很自然地提出两种理解。首先，从某种意义上说，这些事件对你的福祉的贡献与踩到针所产生的影响是不一样的。特别明显的是，它们在构成上独立于你的感觉经验。即使你智力生活中的事件与感官活动相关，这些活动也只是它们所实现价值的附带因素，或者至少对它们实现的独特价值来说是这样的。我们并没有使用类似"先验"这样的名称，但观点是相似的。其次，还存在一种理解，即认为它们的贡献类似于脚踩在针上所造成的影响。特别明显的是，它们都是可知觉的现象：它们在构成性上确实依赖于某种经验。假定你全面考虑了一道逻辑难题，你研究它只是为了享受乐趣，并且最终获得了解决方案。但是，在现象上没有任何新东西发生。解决方案储存在你的大脑中，但它并没有造成任何现象的差异。那么，在这种情况下，获得这样的解决方案可能对你的福祉没有做出特殊的贡献。

假定所有的现象状态都是感觉状态，就会出现一个类似先验理由的难题。我们将会发现，我们自己已给出了以下承诺：你的智力生活中的事件对你的福祉做出了贡献，但你的福祉并不是由感觉经验（sensory experience[①]）构成的，而是由某种体验（experience）构成的，同时所有的体验都是感觉经验。我们再次发现，有些东西必须放弃。

一些哲学家会否认价值与现象学之间的联系。似乎可信的是，至少有一些价值，它们在构成性上并不依赖于经验。因此，也许你的智力生活中的事件所实现的价值总是属于此类。另外一些哲学家则拒绝承认我们的智力生活在价值论上的自主性。他们也许会乐于接受某种形式的享乐主义，即认为所有价值都源于愉快的感觉。从这种观点来看，解决一个逻辑难题可能是有价值的，原因是它能够释放紧张的情绪。但还有一个选项是，挑战那种认为所有现象状态都是感觉状态的观点。要弄清楚这个想法在多大程度上是可行的，就需要更清楚地了解认知现象学。因此，从价值理论的角度来看，有一些动机促使我们致力于这样一项研究。

[语义学] 假定你第一次带你的女儿到动物园。你站在狮笼前说："那些是狮子。"接着，你的女儿看到了狮子。虽然她以前从未听说过狮子，但现在她已经知道了它们，她可以对狮子产生各种各样的思考（thoughts）[②]。你接着走到虎笼前说："那些是老虎。"然后，你的女儿看到了老虎。虽然她以前从未听说过老虎，但现在她知道了它们，她能够对老虎产生各种各样的思考。假设你继续移步到熊笼前说："那些是熊。"然而，这一次，有某种因素阻止了你的演示使它无法对你女儿的体验造成任何现象上的差异。考虑到她以前从未听说过熊，即使视觉上搜索到的关于熊的信息以某种方式在她的大脑中被表征，她依然无法产生对熊的各种思考。如果在现象学上不存在任何差异，那么在你的女儿能够思考的内容方面也不会存在差异。

现在对比一下人们关于简单抽象物的思考，如加法、减法和乘法。就像认识狮子、老虎和熊一样，在我们生活中的某些时刻，我们获得了思考加法、减

---

① experience 是多义词，可以译为"经验、经历、体验"等。当它和 sensory 组词的时候，本书将之译为"经验"；当它单独出现的时候，一般译为"体验"或"经历"。——译者注

② thought 及其复数形式 thoughts 是多义词，可以译为"思维、思考、思想、想法"等。在本书中，当表示偶然性的念头、观点时，就译为"想法"；当它表示一个完整的想法或被研究对象，后续文字要对它进行分析的时候，就译为"思想"或者"思考"。——译者注

法和乘法的能力。更进一步，看起来似乎正如认识动物的过程一样，我们通过发现或者指示的环节，获得了思考这些运算的能力。

正是发现或指示的环节使对简单抽象物的思考成为可能，关于这些环节，有两种观点是很吸引人的。这两种观点与我们研究认识论和价值论的联系时所考虑的主张是很相似的。第一种观点认为，在某种意义上这些环节不同于那些能让人思考感性主题的环节，即它们在构成上独立于感觉经验。也许，你可以通过操作集合来了解加法。其中感觉经验似乎既非必需的，也不足以让你熟悉加法本身。也许，它们最多只是把你的思考与加法联系起来的更大事件的一部分。第二种观点则认为，基于简单抽象物进行思考的环节，与基于一些感性主题进行思考的环节之间，存在着相似之处。尤其是，这两者都和现象学有关。比如对于你的女儿来说，熊在现象上仍然是不可见的，她不能思考熊，或者至少不能产生关于熊的某些类型的想法。同样地，如果加法对你来说在现象上仍是不可见的，那么你也不能思考加法或至少不能思考关于加法的某些类型的想法。

6

接下来的情况是可以预料的。假定一切现象状态都是感觉状态。这就提出了一个难题，因为此时我们会发现自己已拥有以下承诺：某些使你能够思考简单抽象物的发现或学习的环节，在构成上是与感觉经验无关的，但它们在构成上依赖于某种体验，同时又认为一切体验都是感觉经验。这些承诺不可能都是真的。

一些哲学家拒绝承认思想与现象学之间的联系，至少对于简单抽象物的情况来说是如此。现在考虑逻辑上的运算。看起来，好像我们恰好发现自己在思考思想，而在这些思想里我们辨认出逻辑的形式，但这似乎并不取决于我们对逻辑运算的体验。也许关于数学运算的思想是相似的。另外一些哲学家则否认那种认为关于抽象物的思想在构成上独立于感觉状态的观点。一种可能的回答是，认为关于感性主题的思想和关于抽象主题的思想都依赖于感觉现象学，并且它们之间的差异是由非现象的因素构成的。但是，另外一种可能则是挑战那种认为一切现象状态都是感觉状态的观点。要弄清楚这在多大程度上是可行的，就需要对认知现象学有更清晰的认识。为了追求这样的目标，就产生了一些语义学上的动机。

最后，即使抛开认知现象学与其他主题的联系，人们也可能发现认知现象学作为主题本身的乐趣。事实是，关于这个问题的争论是令人费解的。有人可能相信，如果认知状态与感觉状态在现象上有明显不同，那么对任何一个既有有意识的认知状态也有有意识的感觉状态的人来说，认知现象学的存在应该是显而易见的事情。但结果将证明，这不是事实。对于认知现象学的地位存在着合理的分歧，这表明在这个问题的背后隐藏着一个需要揭示的细微结构。我们将在下一节开始这个探索。

第二节 术 语

7   请回顾上面关于"看见"的例子：

[看见] 你正在狗狗公园里寻找你的狗。起初，你无法从一大群狗中分辨出它。但是接下来，你看见它正在那儿追逐一个网球。

在这个例子中，我们至少可以说出四种不同的情况。

第一，这是心理状态上的一个变化。我不会试图用更基础的术语来说明什么是心理状态。我将它看作一种原初状态。人们可能会说，一种心理状态是由一个主体实例化一个精神属性的活动形成的。这是一种合理地使用了更基础术语的描述方法——只要主体和精神属性的概念被认为比心理状态的概念更基础。然而，可能也会有人认为，心理状态的概念比主体的概念更基础。在这种情况下，也许说一个主体存在，也就意味着存在一组被恰当地联结在一起的心理状态。本书的任何内容都不取决于在这个问题上所采取的立场。

在第四章中，心理状态和心理事件之间的差异将变得重要起来，我将在那里再谈它们之间的区别。可是，在第四章之外，我将使用"心理状态"一词来涵盖两者的含义。

关于心理状态的讨论可以从两个方面展开，比如心理状态类型和心理状态的实例（tokens）。假定你看见了你的狗，并且你的朋友也看见了它。那么，从某种意义上说，你和你的朋友处于相同的心理状态：你们都看见了你的狗。这是一种心理状态类型。可是，从另一种意义上看，你和你的朋友处于不同的心理状态：在看见狗的时候，既有发生在你身上的心理状态的具体情况，也有发生在你朋友身上的心理状态的具体情况。这些是心理状态的实例。一般来说，当我谈论心理状态（以及心理事件）时，在没有限定条件的情况下，我想要指的是心理状态类型。如果我想要提及的是心理状态的实例，我将会明确说明这一点。

第二，我们关于[看见]能够说出的另外一件事情是，它是一种现象状态的变化。所谓现象状态，是一种处于其中的人感受到的"它的真实样子"（what it is like）①的个体化的心理状态。对处于一种心理状态中的人来说，其感受到

---

① what it is like 指的是体验到的情况，一般译为"感觉"或"感觉起来之所是"。应该说，这两种译法基本传达了英文的含义，也在国内得到了比较广泛的使用。但是，这两种译法都过多地体现了该术语的主观性特征。一方面，这个术语表达的不仅仅是感觉，而是比感觉更进一步的含义即"感觉上的质性"。另一方面，这个术语虽然主要用来表达主体对于"心理状态"的呈现，但它更想表达的是主体对于心理状态的如其所是的呈现，所以本书还采用了"它的真实样子""真实感觉""它所是的样子"等译法。——译者注

的"它的真实样子"就是这种心理状态的现象特征。而说现象特征使一种心理状态个体化，就是说要处于那种特定的心理状态，除了处于具有完全相同现象特征的心理状态之外，没有其他要求。

所以，如果一种心理状态是一种现象状态，那么就存在某种特定的现象特征，而且对于一个想处于那种状态的人来说，一个人必须处于具有那种现象特征的状态中就是一个充分必要条件。让我们根据心理状态和现象特征两个概念给出现象状态的定义：一种心理状态 M 是一种现象状态，当且仅当（just in case）①存在一个现象特征，使得处于 M 状态就等同于处于具有该现象特征的心理状态。当你看见你的狗时，它在你看来有一种特定的外观。你处于一种视觉状态中，伴随着一个特定的现象特征。作为一种恰好拥有该现象特征的心理状态，它是一种现象状态。

除了被其现象特征个体化的心理状态概念外，持有另一种心理状态的概念是有用的。它本质上具有某种现象特征，也许被限制在一定范围内，但这种意义上的心理状态不会被任何特定的现象特征所个体化。我称这些状态为现象上有意识的心理状态。[2]

第三，我们关于［看见］还能够说出的是，在现象上有意识的状态中存在一个变化。在任何一个特定场合，当你看见你的狗的时候，它看上去都有不同的呈现方式。但是具体的呈现方式将会因为场合的不同而不同。例如，从狗的前面、后面或者侧面的角度，你都可以看见你的狗。在每种情况下，狗都会以某种方式呈现在你面前。但是，它呈现给你的最恰当方式总是根据情况的变化而变化。然而，在每种情况下，你确实都置身于看见你的狗这种心理状态中。所以，看见你的狗的状态不是一种现象状态。这是一个现象上有意识的状态的例子。

似乎很合理的是，如果一个人处于一种具有某种现象特征的心理状态中，那么他就会处于某种现象状态——恰好被那个现象特征所个体化的现象状态。所以，我们可以根据现象状态来定义现象上有意识的状态——一种心理状态 M 要成为一种现象上有意识的状态，其必然的条件是，如果一个人处于心理状态 M 中，那么因为他处于状态 M 中，就会有某种现象状态 P 存在，使得他也处于状态 P 中。

值得讨论的是在这个定义中加入"因为"这个词的动机。假设我们去掉它，并选择以下替代方案：一种心理状态 M 是一种现象上有意识的状态，当且仅当

①　just in case 表达的是一个充分必要条件，一般译为"当且仅当"。根据具体语境需要，本书还采用了"只有……才……""如果……其条件是……"等译法。——译者注

在必然情况下，如果一个人处于心理状态 M，那么就会存在某种现象状态 P，使得他也处于状态 P 中。现在考虑一种结合状态，比如把"看见你的狗"和"苏格拉底必死"这两种状态连在一起。必然的结果是，如果一个人处于这种结合状态中，那么就应该有让人置身其中的某种现象状态存在。但似乎也有理由认为，这种结合状态并不是一种现象上有意识的状态。它是一种状态，部分地包含了一种现象上有意识的状态——在这种结合状态中你"看见你的狗"，但它并不是让置身其中的你相信"苏格拉底必死"的那种结合状态。

增加"因为"这个词后就解决了这个难题。"因为"导入了一个解释性语境，并且解释比必要性说明具有更强的辨别力。相关的解释方式是非因果的，除了"因为"之外，它还通常将"根据"（grounds[①]）或"由于"（in virtue of）作为分辨的标记。这一点将在本书中显著地体现出来。

9　　为了更加清晰地了解这种解释方式，我们比较一下（A）和（B）：

（A）我的车是非法停车的，因为我今天早上忙着赶时间。

（B）我的车是非法停车的，因为它停在消防栓旁边，而停在消防栓旁边是违法的。

陈述（A）给出了一个因果性解释。"我今天早上忙着赶时间"这个事实，从原因上解释了"我的车是非法停车的"这个事实。陈述（B）给出的则是一个非因果关系解释。"它停在消防栓旁边"以及"停在消防栓旁边是违法的"这两个事实，并不能从因果关系上解释"我的车是非法停车的"这个事实。不过，它们确实与之有某种解释性关系。它们告诉我们，"我的车是非法停车的"这个事实是根据哪些事实做出的判断。它们属于这种事实，正是根据它们我的车才被视为非法停车。

为了看到这种解释方式与必要性说明之间的不同，请比较（B）和（C）：

（C）当然，如果我的车停在消防栓旁边，而在消防栓旁边停车是违法的，那么我的车就是非法停车的。

（B）和（C）都是真实的。可是，从（C）这里，我们能够推论出（C*）：

（C*）当然，如果我的车停在消防栓旁边，而在消防栓旁边停车是违法的，而且苏格拉底必死，那么我的车是非法停车的。

像（C*）这样谈论某件事情是很傻的，但是（C*）是真实的，并且它的真实性来源于（C）的真实性。与（C*）形成对比的是陈述（B*）：

---

① 在"术语"这一部分，作者使用了动词 ground、名词 grounds 和动名词 grounding，作为动词，可译为"依赖""使（电器）接地""奠基"，根据上下文这些译法都可采用；作为复数名词，可译为"根据""理由"；作为动名词，译为"基础性"，旨在与"必要性"对应。——审校注

（B*）我的车是非法停车的，因为它停在消防栓旁边，而在消防栓旁边停车是非法的，并且苏格拉底必死。

（B*）不仅是愚蠢的，它还是虚假的，而且它并不源自（B）。这与所谓的单调性有所不同。必要性是单调的。这意味着，从 X 需要 Y 可得出结论，对于任何 Z，X 和 Z 也都需要 Y 作为条件。基础性是非单调的。这意味着从 X 依赖 Y 并不能得出结论，即对于任何 Z，X 和 Z 都依赖 Y。造成这种差异的原因是必要性不是一个解释性概念，并且因此不被任何解释相关性关系所束缚。但是，基础性是一个解释性的概念，并因此受到解释相关性关系的制约。伴随着（B*）而来的问题是："苏格拉底必死"这个事实与"我的车是非法停车的"这个事实并不存在解释上的相关性。　　10

同样地，当你"看见你的狗"时，"苏格拉底必死"这一事实与你所处的这种现象状态这一事实并不存在解释上的相关性。所以，"看见你的狗"和"苏格拉底必死"的结合状态并不以你置身于一种现象状态的事实为基础。由此可见，根据这里所采用的对现象上有意识的状态的描述，当你"看见你的狗"是现象上有意识的时候，"看见你的狗"和"苏格拉底必死"的结合状态就不是现象上有意识了。

除了解释性和这种非单调性之外，我将假定那种基础性——至少正如本书中所描述的——还有三种其他属性：它是非自反的（X 并不依赖 X）、可传递的（如果 X 依赖 Y，并且 Y 依赖 Z，那么 X 依赖 Z），并且是必需的（如果 X 依赖 Y，则 X 需要 Y）。基础性本身是否具有所有这些属性是有争议的，并且我也没有断言它就是那样的。我所声称的是，至少有某种形式的基础性关系——对一般基础性关系的限制——它确实具有所有这些属性，并且正是这个概念，在我所关注的论题中得到了描述。[3]

第四，关于［看见］我们还要说的是，它是一种感觉状态的变化，而不是（或者至少不仅仅是）认知状态的变化。这种感觉状态和认知状态之间的区别是本书的核心。在具体细节方面是很值得探索的。

不过，在讨论这些细节之前，我要为研究的心理状态明确提出两个简化假设，至少暂时是这样的。第一，每种心理状态不是感觉的就是认知的。有些状态可能两者兼而有之，但所有的心理状态至少是其中之一。第二，每种作为实例的心理状态都具有某种表征内容（representational content）。我将在第六章详细地讨论"具有内容"这个概念。现在，我将预设一些对它的直观理解，即心理状态的这个特点，会使它们与世界发生关联或指向世界。刚才所提出的第二个简化假设，是每一种作为实例的心理状态都有的一个特征。如果你认为每种心理状态在实例化时都具有某种表征内容，并且至少是感觉的或认知的这一观点不太可信，那么请把我对"心理状态"的使用理解为一个受限的用法，它仅适用于那些满足这些假设的状态。

这些预备性步骤结束以后，让我们对比以下两种心理状态：相信有邮件在你的邮箱里，以及看见有邮件在你的邮箱里。

11　　在"相信有邮件在你的邮箱里"和"看见有邮件在你的邮箱里"之间，一个明显的区别是，你可以闭上眼睛做前者而不是后者。视觉感知是由眼睛看到的事件引起的。嗅觉经验是由鼻子闻到的事件引起的。更一般地说，感官知觉是由数量有限的感觉接受体中发生的事件而引起的。也许我们可以列举一些理由，并说一种心理状态仅在被这些理由之一导致时才是感觉状态，否则的话则是认知状态。

我对这种思考方法有两点担心。首先，尚不清楚引起感觉状态的理由清单是否可以列举出来。如果我们考虑的是现实的生物，则它们是可列举的，因为它们的数量是有限的。但是，如果我们同时考虑可能存在的生物，并且我认为我们应该考虑，那么，我们就不清楚为什么我们认为引起感觉状态的理由清单是可列举的。其次，对可能存在的生物的考虑表明这种方法是反向的。现在，让我们想象一些可能的生物，比如蛇怪。为什么在它身上发生的一些事件被认为是引发感觉状态的原因，而有些则不是？也许，在回答这个问题时，我们必须诉诸对感觉状态的非因果论的理解。

在感觉状态和认知状态之间，一个可能的非因果论差异是它们的表征内容。也许感觉状态只能具有某种特定类型的内容——例如非概念性内容，而认知状态可能只具有另一种类型的内容——例如概念性内容。然而，这些主张都是有争议的。一些哲学家提出，感觉状态可以有概念性内容。[4] 另一些哲学家则认为，认知状态可以有非概念性内容。[5] 无论人们对这些争论持何种观点，似乎感觉状态和认知状态之间的区别都是显而易见的，我们应该能够独立地描述这一区别，而不需要对其持有任何立场。

另一种相关方法专注于感觉状态和认知状态所表征的属性。也许感觉状态只能表征某些"低层次"属性——例如形状、颜色、声音、气味等。而认知状态的不同之处在于它可以表征"高层次"属性——例如意义、自然物的种类、人造物的种类和因果关系。这些说法也有争议。有些哲学家认为，感觉状态也可以表征高层次属性。[6] 例如，当你"看见有邮件在你的邮箱里"时，你会很自然地相信自己有一种视觉体验，这个视觉体验表征了邮件存在以及邮箱存在的属性。这些都是人造物的类型。然而，这个案例再次表明，感觉状态和认知

12　状态之间的区别似乎是显而易见的，我们应该能够独立地描述这一区别，而不需要对其持有任何立场。

　　让我们假设，"相信有邮件在你的邮箱里"和"看见有邮件在你的邮箱里"这两种心理状态，有一些共同的表征内容——"邮件在你的邮箱里"被挑选出来。尽管如此，这两种心理状态之间仍然存在明显的不同：当你"看见有邮件在你的邮箱里"时，邮件好像就停留在你的面前。你不仅描述了邮件在你的邮箱里，并且意识到了你的直接环境的一部分，这部分环境确保了"邮件在你的邮箱里"这个陈述为真。这种感觉状态的内容与此时此地似乎存在的东西联系在一起；当你"相信有邮件在你的邮箱里"时，就不一定是这样了。当你离你的邮箱很遥远的时候，你仍有可能非常相信有邮件在邮箱里。这种认知状态的内容和此时此地似乎存在的东西没有关系。在我看来，这个观察结果是把握感觉状态与认知状态之间差异的关键。然而，要将它转化为对感觉状态和认知状态之间区别的明确而恰当的一般性描述，还需要做一些工作。

　　我从一开始就说出如下两个概念，将被证明是有用的。第一个概念是觉知（awareness）[①]。觉知是主体与客体之间的一个双元确定关系。它是可确定的，因为一个主体可以以不同的方式意识到一个客体。这里举视觉和听觉两个例子来说明。看到一辆消防车是意识到它的一种方式。听到一辆消防车是意识到它的另一种方式。是什么造成了这些觉知的不同形式呢？根据我所理解的觉知，我可以从三个方面来回答这个问题。

　　第一，无论看到还是听到一辆消防车，都能使你产生一些关于它的明确的想法。当你看到或听到一辆消防车的时候，你能够产生这种形式的思想——"那是红色的"或"那是响亮的"，其中的"那"明确地指的就是那辆消防车。一般而言，意识状态使得对意识对象的明确思考成为可能——至少在具有一般能力的生物身上是如此，它们在最低限度内能够产生明确的思想。[7]

　　第二，看到一辆消防车和听到一辆消防车都明确地把消防车和其他东西区分开来。假设你在索诺兰沙漠（Sonoran Desert）中盯着你的脚。你刚好看到你的脚从沙子里抽出来，但是你并不知道，你的左脚旁边有一只扁尾角蜥蜴。你不知道它在那里，因为你不能看到它。你不能看到它，是因为它把自己伪装起来了。它与沙子和你的脚共同扮演着一个角色，使你有了一次具有某种现象特征的视觉体验。但这还不足以让它成为视觉觉知的对象。对你的视觉现象学来说，它更需要的是实现视觉结构的合理化，以便使蜥蜴从它的周围环境中凸显出来，这样它就不能再伪装了。一般而言，觉知状态从现象上能将觉知对象与

13

　　[①] awareness 与 consciousness 通常都翻译为"意识"，但二者还是有区别的，awareness 是指一种感知到对象的意识，consciousness 是指一种觉醒的状态，不一定有感知对象，鉴于这种区别，本书将 awareness 译为"觉知"，将 consciousness 译为"意识"。——审校注

其他事物区分开来。[8]

第三，也是最后一点，这两个特征是联系在一起的。如果看见消防车的行为，不能从现象上明显地把消防车与其他事物区分开，那么它就不能使人们产生关于消防车的明确想法。类似的观点也适用于听到消防车的声音。在一般情况下，意识状态能够使人们关于觉知对象的明确想法成为可能，至少部分是因为它们在现象上辨别出了觉知对象。

第二个概念将帮助我们描述感觉和认知状态之间的区别，我将把这个概念称作一个命题的环境见证者。这里，我们考虑"看见有邮件在你的邮箱里"的两种方式。第一种方式是查看邮箱内部，观察那里的邮件。在这种情况下，你从视觉上意识到了你周围环境的一部分，正是它确保了邮件在你的邮箱里是真实的。第二种方式是从远处望向你的邮箱，同时观察站在邮箱前面的邮递员，他可能只是做了一些投递邮件的动作，然后离开。在这种情况下，你并没有从视觉上意识到你周围环境中的某个能确保邮件在你的邮箱里为真的部分。相反，你直接意识到的是周围环境中的指示物，这些指示物表明邮件在你的邮箱里。通常，即使我们没有意识到确保事情为真的那部分环境，而只是意识到了我们当下环境中表明它确实如此的指示物，我们依然相信并认为某件事情是真的。因此，对于命题来说，既存在使命题成立的真理制造者，也存在指示命题成立的真理指示物。我将使用"命题证人"这个术语涵盖两者。一个命题的环境见证者指的是位于某个人时空附近的"命题证人"，其用来证明某个命题的真实性。

当"相信有邮件在你的邮箱里"时，你以某种方式来表征邮件在你的邮箱里，而这种方式与你对该命题的环境见证者的当下觉知是无关的。这个描述为这个常识性观点，即思想是独立于此时此地似乎在场的东西，提供了某种理解框架。当你"看见有邮件在你的邮箱里"——通过看见邮件或通过看见邮递员的投递活动——你以某种方式表征了邮件在你的邮箱里这件事情，这个方式依赖于对该命题的环境见证者的当下觉知。这个描述为这个常识性观点——感觉是与此时此地似乎在场的东西紧密联系在一起，提供了某种理解框架。

14　　上述关于特定心理状态的讨论，即关于"相信有邮件在你的邮箱里"和"看见有邮件在你的邮箱里"的讨论，揭示了以下一般性见解：一种心理状态以一种认知方式表征那个 p[①]，当且仅当它表征那个 p 的方式独立于对 p 的环境见证者的当下觉知；一种心理状态以一种感觉方式表征那个 p，当且仅当它表征那个 p 的方式依赖于对 p 的环境见证者的当下觉知。我认为，这些以感觉和认知

---

① 在本书中，小写 p 表示思想或命题，比如思想 p、命题 p；大写 P 表示状态、事件或属性，比如心理状态 P、心理事件 P、现象状态 P 等，具体看语境。——译者注

方式表征命题的概念是有用的，但为了用它们来描述感觉和认知状态之间的差异，我们需要进行一些细微的调整。

考虑如下体验情境：在视觉上产生幻觉，认为邮件在你的邮箱里；在视觉上回忆起邮件在你的邮箱里；在视觉上想象邮件在你的邮箱里；感受在你的邮箱中发现邮件时的兴奋；感受当你靠近邮箱时的心跳加速。幻觉、回忆、想象、情绪和身体感知都应被视作广义上的感觉状态，这些感觉状态与认知现象学的争论密切相关。[9]但是，在上述观点中都没有考虑到对命题的环境见证者的觉知。然而，类似这种觉知的状态确实存在：在幻觉中，似乎有对自己所处环境的觉知；在回忆和想象中，有对于环境的回忆和想象的觉知；情绪会影响自己对于环境的觉知；而身体感知包括对自己身体的觉知，我们可以将身体视作其所处环境的一个限制性因素。因此，以下是我们对以感觉和认知方式表征命题的概念进行适当调整之后的定义：一种心理状态 M 以一种感觉方式表征命题 p，当且仅当 M 表征 p 的方式依赖于对 p 的环境见证者的当下觉知，或者是类似于这个觉知的一种状态；一种心理状态 M 以一种认知方式表征命题 p，当且仅当 M 表征 p 的方式不依赖于对 p 的环境见证者的当下觉知，或者类似于这个觉知的一种状态。

想一想，"看见有邮件在你的邮箱里"并希望它是你的工资支票时的心理状态。这种心理状态表明，用感觉和认知方式表征命题的概念具有两个方面的特征。首先，一种心理状态既可能以感觉方式，也可能以认知方式来表征。事实上，一种心理状态可能以感觉和认知的方式同时表征同一个命题：也许你看见的同时也认为邮件在你的邮箱里。一个命题有两种表征方式。其次，对自己所处环境的觉知可能使人处于某种心理状态，这种心理状态却不依赖于那种觉知的可持续性。例如，当希望某个已看见的邮件中包含你的工资支票时，你的希望指的是那个特定的邮件，因为你看见的就是那个邮件。所以，你的视觉觉知使你拥有了那个希望。但那个希望可能超越视觉觉知持续性地存在：闭上眼睛之后，你依然能够拥有那个希望。因此，这个希望并不依赖于对那个邮件的当下觉知。

现在我们已经对以感觉和认知方式表征一个命题进行了特征描述。从它们出发，要具体说明感觉状态和认知状态的特征是比较容易的。然而，正如上面已经阐明的，实际上需要有四个相关的概念。如果一种心理状态 M 部分地是感觉的，那么其条件是 M 以感觉方式表征了它的部分内容；如果一种心理状态 M 完全是感觉的，那么其条件是 M 以感觉方式表征了它的所有内容；如果一种心理状态 M 部分地是认知的，那么其条件是 M 以认知方式表征了其一部分内容；如果一种心理状态 M 完全是认知的，那么其条件是 M 以认知方式表征了其全部的内容。

15

第三节 命 题

请回顾前面关于直觉的例子：

[直觉] 在一本书中，你读到"如果 $a<1$，那么 $2-2a>0$"，并且你想知道这是不是真的。然后你会发现，a 小于 1 使得 $2a$ 小于 2，所以 $2-2a$ 大于 0。

在这个案例中，认知状态发生了一个变化，现象状态也发生了一个变化。似乎有理由相信，现象状态的变化是由认知状态的变化以某种方式引起的。但这并不证明认知现象学的支持者是正确的，而它的反对者就是错误的。认知现象学的支持者长期坚持一种特定的命题，这种命题与其他邻近的命题应该是不同的——一些是弱联系，一些是强联系，一些是正交关系。[10]

认知现象学的支持者所认可的特定命题意味着，一些认知状态造成的现象差异，不能被还原为感觉状态所造成的差异。也就是说，除了纯粹的感觉现象状态之外，还存在着新的现象状态。让我们采用以下关于这种观点的正式表述：

不可还原性：一些认知状态会使人处于现象状态中，却没有任何完全的感觉状态满足这些现象状态的要求。

16   一种认知状态使人处于一种现象状态的这种想法，再次含蓄地援引了"因为"这个词语建构的关系。我们可以使用一种更烦琐的阐述方式，使"不可还原性"的表达变得更明确一些：一些认知状态是这样的，因为一个人处于其中，所以也就使他处于一种现象状态，而对这种状态来说，没有任何完全的感觉状态可以满足它的要求。一般来说，当我使用诸如"使人处于"和"使得"这样的措辞时，就如同在使用短语"造成一个现象差异"一样，在我的心里就有这种解释。

面对一种现象状态，当我说没有完全的感觉状态能满足它的要求时，我的意思是，不存在任何完全的感觉状态能够使一个人处于这种现象状态。由此可知，没有一种完全的感觉状态，会使人置身于那种现象状态中——就刚才强调的意义而言。但在某些情况下，某种感觉状态也能使人处于那种现象状态，这与上述观点是相容的。

人们会发现，不同作者对具有不可还原性的现象状态的称呼是不同的，要么称其为认知现象状态，要么称其为认知感受性，或者恰好称其为认知现象学。但是这些术语的使用并不是标准化的。我将称它们为认知现象状态。如果一种现象状态可以通过某些完全的感觉状态来满足其要求，那么我将称这种现象状态为感觉现象状态。

所以，假设你的直觉告诉你，如果 $a<1$，那么 $2-2a>0$。在这样做的时候，你可能会对自己说"如果 $a<1$，那么 $2-2a>0$"，或者你可能会想象变量"a"或数字"1"，又或者当你想起分配给"$2a$"的数量急剧减少时，你可能会体验到多种动觉感知。这些都是感觉现象状态。如果你相信不可还原性，并且你认为这个直觉案例是一个不可还原的认知现象学的例子，那么你就会相信，即使把所有这些感觉现象状态集中在一起，也不能产生同样的现象差异——直觉到"如果 $a<1$，那么 $2-2a>0$"给你的整体体验所造成的差异。有某种现象状态被保留下来，只有直觉到"如果 $a<1$，那么 $2-2a>0$"的认知状态——或者也许是一种非常类似于这种状态的认知状态，才能够使你置身其中。这就是相信认知现象状态存在的真实意义。

现在，让我们考虑一个还达不到不可还原性要求的命题。这个命题认为，一些认知状态会造成明确的现象差异。与不可还原性不同，这个命题并没有增加下面这种说法，即这种现象差异不可还原为那些由感觉状态所引起的差异。关于这个比较弱的命题，让我们采用下面的正式表述：

现象在场：一些认知状态的存在使人置身于现象状态中。

现象在场这个命题相当于承认某些认知状态在现象上是有意识的。请回忆一下这个定义，即一种心理状态在现象上是有意识的，当且仅当如果一个人处于其中，那么它就使这个人处于这种或者那种现象状态中。就此而言，现象在场意味着一些认知状态在现象上是有意识的。但这并不意味着，此类认知状态造成的现象状态，与感觉状态使人置身其中的现象状态是完全不同的。¹⁷

假设你相信，在任何情况下，只要一个人直觉到"如果 $a<1$，那么 $2-2a>0$"，那么这个人也就因此置身于某种现象状态或者其他可能的现象状态。但假设你还相信，这些现象状态只是那些涉及想象变量"a"或数字"1"的状态，或者是那些涉及体验动觉感知的状态——当你想起分派给"$2a$"的数量正在减少。如果这就是你的观点，那么你会承认直觉就是现象在场——每当它出现都会造成一些现象上的差异，但它并不会引入任何与各种完全感觉状态可能使人处于其中的现象状态明显不同的新现象状态。这一观点还不足以兑现对不可还原的认知现象学的已有承诺。

现在让我们考虑一个超越了不可还原性的命题。这个命题认为，一些认知状态造成的现象差异，独立于那些感觉状态所造成的现象差异。独立性是一个模态概念：它与可能性有关。如果两个事物可以共存也可以不共存，那么它们彼此是独立的，即其中一个事物的存在既不包含也不排斥另一个事物的存在。让我们采用如下关于独立性命题的正式表述：

独立性：一些认知状态使人置身于不依赖感觉状态的现象状态中。

独立性强于不可还原性。也就是说，独立性需要以不可还原性为必要条件，但不可还原性不需要以独立性为条件。为了理解独立性包含不可还原性，我们假设某种现象状态 P 独立于感觉状态。那么，处于完全感觉状态中并不意味着就处于现象状态 P 中，也就是说，不能充分满足处于现象状态 P 的要求。为了理解不可还原性不包含独立性，我们考虑一种包含感觉成分的认知现象状态 P。虽然处于完全感觉状态不足以保证就处于认知现象状态 P，但是一个人如果不处于某种感觉状态就无法处于认知现象状态 P。

18 　如果你支持不可还原性，那么你就会相信存在认知现象状态。对这些认知现象状态来说，完全感觉状态无法满足它们的需要。如果你支持独立性，那么你就会相信纯粹认知现象状态是存在的。对这些认知现象状态而言，完全认知状态确实满足它们的要求。如果一个人支持不可还原性但拒绝接受独立性，那么他就会认为，即使存在着完全感觉状态不能满足条件的现象状态，也不存在完全认知状态充分满足它们需要的现象状态。从这一观点来看，当一个人处于某种现象状态时，至少部分是因为他同时处于某种感觉状态。

现在，让我们考虑一个与不可还原性正交的命题。认知现象学的文献与那种被称作现象意向性的文献互相交叉。认知现象学的支持者也倾向于提出现象意向性的议题。这个现象意向性的基本观点是：对于一些实例化的心理状态来说，它们的现象特征决定了它们的表征内容。让我们采用以下方式来表述这个命题：

现象意向性：一些现象状态决定意向状态。

在这里，我把"意向的"和"表征的"两个词等价地使用，因此一种可以替代的表述是：一些现象状态决定了表征状态——具有表征内容的状态。现象意向性超越了暂时性的假设，即每种实例化的心理状态都有表征内容，因为它意味着相同现象状态的每个实例都有着相同的表征内容。

正如我已经阐述的，现象意向性并没有明确说明现象状态与意向状态之间的决定性关系应该如何理解。一种选择是，把决定性看作是必要性；另一种选择是，把决定性看成是基础性（grounding）。在这里，我将把现象意向性作为一般性论题，并随着反思的深入而使这个论题变得更加精确。

不可还原性和现象意向性被联系起来，但它们是正交关系。它们之所以是正交关系，是因为在任一方向上都没有逻辑上的蕴涵关系。支持不可还原性和拒绝现象意向性在逻辑上是一致的，而支持现象意向性和拒绝不可还原性在逻辑上也是一致的。然而，这两个命题是相互关联的，因为有理由相信，那种具有不可还原性特征的现象状态（即认知现象状态），也就是持有现象意向性特征的现象状态（即它们决定了意向状态）。这就是认知现象学的支持者倾向于提出现象意向性的原因。

事实上，认知现象学的支持者倾向于提出一个更具体的命题：

认知现象意向性：一些现象状态决定了认知的意向状态。

这个命题与不可还原性命题不是正交的，而是强于不可还原性命题。也就是说，认知现象意向性在逻辑上必然包含不可还原性，但不可还原性在逻辑上并不必然包含认知现象意向性。为了理解认知现象意向性逻辑地包含不可还原性，我们假设某种现象状态 P 决定了一种认知的意向状态。接着会发现，在一种完全感觉状态中存在的东西不会满足现象状态 P 存在的要求，因为一旦你处于现象状态 P，你也就因此处于某种认知状态，并且因此不会再处于完全感觉状态。为了明白不可还原性并不逻辑地包含认知现象意向性，需要假设存在一些现象状态，对这些状态而言，完全感觉状态都不满足它们存在的要求，但这些状态本身也不足以形成认知状态。也许这些状态是一种认知上的"原始感觉"（raw feel）。有人可能认为不存在这样的现象状态，但这是一个超越了纯粹逻辑推理的实质性问题。

因此，有四个命题需要区分出来：不可还原性、现象在场、独立性及认知现象意向性。在我看来，不可还原性是认知现象学争论的主要议题。支持者接受它，反对者拒绝它。但是，许多哲学的兴趣来自考虑它与其他命题的联系，所以这些也在我们探究的范围之内。

注　释

1　关于认知现象学重要性的类似讨论，见 Siewert（1998，2013）、Smithies（2013a）和 Strawson（2011）。

2　参见 Siegel（2010）。

3　更多关于根据的讨论，请参见 Correia 和 Schnieder（2012）、Rosen（2010）、Schaffer（2009）、Sider（2011）和 Trogdon（2013）。

4　参见 McDowell（1994）。

5 参见 Beck（2012）。

6 参见 Siegel（2006c，2010）。

20

7 关于觉知这个特征的进一步讨论，参见 Snowdon（1990）、Siegel（2006b）和 Tye（2009）。

8 关于觉知这个特征的进一步讨论，参见 Dretske（1969）和 Siegel（2006a）。

9 参见 Lormand（1996）、Tye 和 Wright（2011）。

10 参见 Smithies（2013b）。我表达的方式可能略有不同，但我们对这些问题的解释是一致的。

第一章　内　省

关于认知现象学的争论是关于我们的有意识精神生活的争论。我们对有意识精神生活的许多知识来源于内省。因此，一个自然的想法就是，通过诉诸内省来解决认知现象学的争论。

然而，这种自然的想法最终被证明是有问题的。在现象上有意识的思想，是否从同时发生的感觉状态中继承了它们的现象特征呢？考虑一下关注这个问题的文献资料对内省提出的两个诉求：

有意识的思想发生了，但是缺失语言表达或意象，这种引人注目的案例只有在我们可以称之为思维方向突然转变的地方才能被发现。假设你有天早上坐在那里读书，突然想起了一个刚刚开始的约会——你想知道确切的时间，担心自己可能错过了，然后你看了看手表。关于约会和约会时间的思想是一个有意识的事件，但它可能不会被悄悄地或大声地表达出来。你应该也不会对自己说："我现在就有一个约会，不是吗？约会的时间是什么？我错过了吗？"你甚至可能不会说出一些支离破碎的话，比如："约会！什么时候？错过了吗？"而且，在这个思想发生的当下，你可能没有对任何项目或事件进行视觉化或形象化，比如与你约会的人，或者你们要见面的地方。但是这个无言的非图像化思维的小片段——你突然意识到你有个约会——在现象上是有意识的，并且似乎你拥有这种思想的方式，且不同于你进行某种意象体验时它呈现的方式。[1]

从现象学的角度来看，思考一种思想非常类似于在一个人的头脑中运作一个句子或（在某些情况下）在心灵中展开一个心理意象，同时伴随着（在某些情况下）某种情绪/身体反应，并且如果这个思想是复杂的或难以把握的，还会伴随着一种努力的感觉。例如，当你想起红葡萄酒是令人愉悦的时候，你可能会有一次默读的经验（你对自己说，"红葡萄酒是令人愉悦的"），或者你可能把关于红葡萄酒的心理意象带到脑海中，或者你甚至回忆起一些场合，在那里你喝了一杯令人特别愉快的红葡萄酒。此外，你身上可能会有一种温暖的感觉，伴随着你嘴角的微笑和相应的面部表情。当某个思想被内省时，唯一能被发现的现象学是这些状态和其他类似状态的现象学。[2]

这些诉求已经放在我们面前，但是根据它们应该思考什么还不是十分清晰的。一些读者可能会赞同第一个诉求，并回忆起源自他们自己生活中的类似例子。其他读者则可能会赞同第二个诉求。意见产生了分歧。现在怎么办？

下面第一节讨论的是内省在认知现象学的争论中应该扮演的角色。有两种相反的极端观点：内省的证据应该直接拿来解决问题；内省的证据应该被完全忽略。在这两种观点之间，有一定数量的中间观点存在。我会让人们认识到，一些中间观点是正确的，但是在评估各种诉诸内省的论证之前，很难对内省应该扮演的角色做任何非常精确的描述。

本章的其余部分将致力于讨论如下一种论证策略。我们的策略是从前提得出关于认知现象学的结论，这个前提与我们具有的通向有意识思想的内省路径相关。皮特已经发展了这方面的最详细论证。在第二节（"来自内省性的论据"）中，我解释了皮特的论证。在第三节（"评价来自内省性的论据"）中，我讨论了皮特的论证所面临的挑战。

第一节　内省的作用

有些事情我们可以通过内省说出来。

通过内省我可以说，我的面前好像有一台电脑。通过内省我还能够说出，好像并没有一头大象在我面前。一般来说，我对我所处的现象上有意识的状态有一些内省的知识。

假设我感觉耳朵有点痒，同时感觉胳膊肘被拧了一下。除了通过内省能判断出我感觉到了这些东西，还可以通过内省判断出痒的感觉与被拧的感觉是不一样的。此外，假设我的肩膀也感觉到有点（令人愉悦的）痒。可以说，如果我足够细心的话，我也可以通过内省判断出，这种痒与那种痒在现象上的相似性，是否要明显高于它与被拧的感觉的相似性。总的来说，在我所处的这些现象上有意识的状态中，关于现象的相似性和差异性，我有一些内省的知识。

如果我头痛了，并且它把我的注意力从繁忙的事务中转移出来。在头痛的过程中，我可能会问自己："这是一次剧烈的头痛还是慢性的头痛？"并且很有可能，我借助内省可以判断出，这种可能性描述在多大程度上吻合我头痛的症状。如果头痛是剧烈的，那么我知道它是剧烈的，而不是慢性的。总的来说，关于我所处的现象上有意识状态的一些简单描述的准确性，我有一些内省的知识。

在这个时候，我们自然会问：这种内省能力揭示了在场和不在场、相似性和差异性、准确性和不准确性诸如此类的事实，那么这种内省的本质是什么？

这是一个困难的问题，在文献中有许多解决这个问题的方法。有人可能会担心，如果不首先说明一下内省的本质，就不可能继续我们目前的研究——关于内省在认知现象学中的角色定位。因为它的本质将决定它的角色定位。可是，考虑一下视觉的情况。你不需要对视觉的本质有太多的了解就可以明白，你不会试图通过凝视来判断乐器的声音。简单的观察和反思就足够了。同样，关于内省在我们的探索中可能扮演的角色，我相信我们能够建立起一些有用的指导原则，而不必承诺一个关于它的本质的专门理论。因此，现在我将把关于它的本质的问题悬置起来。这个问题将在下面再次出现。

上面列举的例子说明了我通过内省所想到的东西。我们的问题是：内省在其中所展示的能力如何被用来解决有关认知现象学的争论？接下来，让我们集中关注不可还原性，并考虑两种极端观点：

极端乐观主义：只凭借内省就能让我们置身于一个恰当的立场，以便了解不可还原性是不是真实的。

极端悲观主义：内省对我们了解不可还原性是否为真的立场不会造成任何影响。

据我所知，没有人支持其中任何一种观点。例如，西沃特（Siewert）、泰伊和布里格·赖特（Briggs Wright），都没有仅仅停留于他们的内省报告。他们用进一步的论证来补充这些报告。关于内省的怀疑论者通常会承认，我们的内省报告至少形成了一个数据集合，可以用来对人的心灵进行理论分析。尽管如此，我认为极端乐观主义和极端悲观主义都是有益的重要见解。考察拒绝它们的理由不会服务于任何针对个人的目的，但是这将会给我们带来更加周到的思考，以便对内省在研究中应该扮演的角色有一种更加细致的看法。

极端乐观主义提出的设想是，正如你可以通过内省判断你是否头痛，或者说出头痛在感觉上是否不同于你耳朵的痒，或者它是不是剧烈的疼痛一样，你也可以通过内省说出不可还原性是不是真的——也就是说，是否有一些认知状态能让人置身于某些没有完全感觉状态能够满足其要求的现象状态中。从表面上看，这似乎是难以置信的。假设通过内省你能够陈述以下事实：你正在思考晚餐，你的思想和饥饿感在现象上是有区别的，以及你的思想正在进行更高深的哲学反思过程。这一切都不能说明你可以通过内省来判断不可还原性是否成立。不可还原性是一个（i）逻辑复杂的（ii）一般概括，该概括是关于（iii）可能的（iv）解释性关系。我们根据内省通常了解的主张都是（a）逻辑上简单的主张，而且这种简单的主张是关于（b）实际的、（d）特定心理状态的（c）内在属性①。所以存在这四种不同情况——（i）取代（a）；（ii）取代（d）；（iii）取代（b）；而（iv）取代（c）——将不可还原性与那种常常能激发信心的关于内省的主张区分开。

还要考虑到这样一个事实：甚至在经过内省之后，一些哲学家也不同意不可还原性。为什么会有这样的分歧？贝恩和斯佩纳（Spener）提供了有助于理解分歧的四种备选性解释。3

第一，两位哲学家意见不一，是因为他们之间存在个人差异。一些哲学家拥有不可还原的认知现象状态，另一些哲学家则没有。那些拥有不可还原的认知现象状态的人会内省它们的不可还原性。那些未曾拥有这些状态的人则不会对它们的不可还原性进行内省。因此，分歧就产生了。争论者关于他们自己的内省判断是正确的——但他们把结论扩展到其他人身上的时候就出现错误了。

第二，两位哲学家有意见分歧，是因为他们之间在术语使用上存在差异。"现象状态"这个术语一般是通过使用感觉方面的例子引入的——痒、身体感觉、视觉感知，诸如此类。假设一个争论者给"现象状态"赋予了某种含义，根据这个含义，一种心理状态只有在现象上有类似于痒、身体感觉、视觉感知等的情况下，它才是一种现象状态。如果另一个争论者也给"现象状态"赋予了一种含义，根据这个含义，一种心理状态只有当它被一个人在其中体验到的"它所是的样子"所个体化的时候，它才是一种现象状态——其中"它所是的样子"这个惯用语本身并不仅仅与感觉相关。4 那么，这两个争论者有时可能处在我所说的认知现象状态中，但只有第二个人会同意这样称呼它们。在这种情况下，争论者都没有犯内省的错误，相反他们参与了一场言语方面的纷争。

第三，两位哲学家可能存在分歧，是因为他们有不同的信念背景和期望。观察与信念背景、期望之间的相互作用是一个复杂的问题。这里通过列举一个简单的知觉方面的例子来说明这个现象。假设艾尔（Al）相信所有的天鹅都是白色的，并支持一种精心设计但错误的理论，即隐含意思是所有的天鹅都必须是白色的。如果贝丝（Beth）不同意这种理论，且她仅只有一次观察过白天鹅的经历，因此她暂时性地相信所有的天鹅都是白色的，但她愿意改变自己的看法。接下来，艾尔和贝丝看到了一只黑天鹅。在这个观察的基础上，艾尔开始认为，有一些鸟类可以轻易地欺骗天真的观察者，让他们相信黑天鹅存在，但它们实际上属于不同的物种。贝丝则开始相信有黑天鹅存在。关于认知现象学的争论可能也有类似的情况发生。任何对这种分歧的解释都需要详细阐述相

---

① 原文中（c）在前，（d）在后。因为中英文句法习惯不同，译文顺序发生了颠倒。——译者注

关的信念背景和期望，以及它们可能如何与内省观察互动的故事。然而，并没有任何先验的理由排除这样一种解释。

第四，两位哲学家可能存在分歧，是因为在解决不可还原性是否为真这个问题上，内省是不充分条件。这正是贝恩和斯佩纳所说的操作限制的结果。这里举一个简单的知觉方面的例子来说明这个现象。假设艾尔和贝丝都想知道在一个不透明的盒子里装的是什么。他们每个人都有不同的猜想。进一步假设，在判断哪一个猜想正确的过程中，他们所依赖的信息只有通过观察盒子才能得到。在这种情况下，艾尔和贝丝不能达成一致就不足为奇了。视觉感知不可能使人判断出什么东西在不透明盒子里。它根本无法那样去工作。也许在内省方面也有相似的操作限制。内省会告诉你，你是否正在思考晚餐，你的思想和饥饿感在现象上是不是不同的，以及你的思想是否正在进行更高深的哲学反思的过程中。但是，内省不会告诉你不可还原性是否为真。如果是这样的话，那么极端乐观主义就是错误的。

我们可以合理地假设，哲学家之间至少存在一些个体差异、术语差异以及信念背景和期望的差异。我们还可以合理地推断，这些差异确实在维护关于不可还原性的分歧方面起到了一定作用。尽管如此，我怀疑它们是否构成了故事的全部。操作限制至少是这个故事的一部分，而且很可能是主要的部分。此外，这种解释形式对于不可还原性的分歧的适用性是一种普遍现象的典型实例，有时通过内省展示于其他关于心智的争议，有时通过知识的其他基本来源展示于涉及其自身领域的各种争议。在试图描述这一普遍现象之前，让我们先考虑一些例子。

以下是关于心理状态、可观察性质和抽象对象的有争议的主张：

关系主义：一种感觉状态的现象特征是由它让人直接意识到的对象构成的。

倾向主义：在正常条件下，在正常观察者看来，每种颜色都存在一种引起具有某种现象特征的感觉状态的倾向。

结构主义：数学对象是结构中的位置——例如，数字 3 是自然数结构中的第四个位置。

我也许可以通过内省说出，在我看来是否有一台电脑在我面前，而无法通过内省来判断关系主义是否真实。前者是关于心理状态的内省特征，后者是关于它的潜在特性。我也许可以通过感知说出番茄是不是红色的，却不能够通过它判断出倾向主义是不是真实的。前者是关于可感知特征的实例化，而后者则是关于它的潜在特性。我也许能凭直觉说出 3 是否为质数，却不能凭直觉判断出结构主义是否为真。前者和一种可直觉的抽象事件状态有关，而后者和它的潜在特性相关。

即使在进行了内省、感知和直觉之后，哲学家关于关系主义、倾向主义和结构主义等方面的意见也无法统一。为什么？在我看来，主要的解释性事实是，只依靠内省、感知和直觉并不能解决这些诉求。由内省、感知和直觉支持的前提，可以用来作为支持或反对关系主义、倾向主义和结构主义的哲学论证，但额外的哲学论证仍然是必要的。一般而言，内省、感知和直觉这三个基本的知识来源告诉我们关于其应用领域中的"可观察"方面，但对这些领域中不同项的基本性质保持沉默。为了理解感觉现象学、色彩和数学对象的基本性质，你需要考虑其他理论因素，这些因素超越了仅仅依靠内省、感知或直觉所支持的范围。

这种模式的自然延续是这样的：极端乐观主义是错误的；内省能够提供支持或者反对不可还原性的哲学论证所需要的前提；但是仅仅依靠内省，不能告诉我们不可还原性是真的还是假的。

这是一种中间立场的姿态。然而，另一种可能性是转向另一个极端——极端悲观主义。一种关于内省的传统观点，特别是与笛卡儿有关的观点认为，虽然我们可以对我们经验之外的世界的知觉判断提出怀疑性挑战，但在我们的经验之内，关于这个世界如何呈现给我们的内省判断还是安全的，不受此类挑战的影响。与这种观点相反，埃里克·施维茨格贝尔（Eric Schwitzgebel）认为：

> 对当下的意识经验进行的内省，远非安全可靠、几乎不会出错的，而是存在缺陷、不可靠和具有误导性的——它不仅可能出现错误，而且是大规模和普遍地如此。[5]

施维茨格贝尔通过引用一些关于"当下的意识经验"的分歧来支持这种观点。其中一个分歧指的是认知现象学的支持者和反对者之间的分歧。如果内省就像施维茨格贝尔所说的那样不可靠，那么极端的悲观主义就可能被认为是合理的。

28   让我们把注意力集中在不可还原性上，并更清楚地说明如何从分歧推导出极端悲观主义。有两段推理需要考虑。第一段推理是针对内省在不可还原性方面是不可靠的主张。第二段则是关于极端悲观主义的推理。以下是第一段推理的步骤：

（1）关于不可还原性，即使心理上相似、术语上校准、无偏见和在内省方面同样可靠的哲学家之间也存在着持续性的分歧。

（2）如果不可还原性的支持者和反对者持续地意见不一，那是因为支持者对不可还原性是真的这个命题进行了内省，而反对者则对不可还原性是假的这个命题进行了内省。

（3）因此，内省能力在涉及不可还原性的时候是不可靠的。

前提（1）在论证中排除了因个人差异、术语变化或信念背景和期望的影响而带来的不一致性解释。它还排除了根据内省能力差异进行的解释。让我们假设前提（1）为真，结论（3）显然是从（1）和（2）合理地推断出的。所以，如果这个论证有任何问题，那么问题必定是由（2）引起的。

而且确实有理由怀疑（2）。正如上面所指出的，仅仅只有内省可能是无法对不可还原性发表意见的。这里提出把关于不可还原性的分歧归因于操作限制的观点：正如感知没有告诉你不透明容器内有什么一样，内省也不会告诉你不可还原性是不是真的。假设我们将这种操作上的限制视为一种可能性。然后，我们应修订第（3）条如下：

（3*）因此，在涉及不可还原性的问题上，内省能力是不可靠的或者是沉默无言的。

现在，人们可能会认为，导致极端悲观主义的争论仍在继续。这是推理的第二部分：

（4）在不可还原性的问题上，那种不可靠的或者保持沉默的能力，对我们了解不可还原性是否为真的立场不能造成任何影响。

（5）所以，内省不能对我们了解不可还原性是否为真的立场造成任何影响——也就是说，极端悲观主义是真实的。

这个想法是这样的：如果内省能力对于不可还原性来说是不可靠的，那么我们就不应该依靠它来解决不可还原性是否为真的问题；如果内省在不可还原性上是沉默无言的，那么我们就不能依靠它来确认不可还原性是否成立。无论哪种方式，内省都不能帮助我们确定不可还原性是不是真实的。

前提（4）是假的命题。那种在不可还原性方面不可靠或保持沉默的能力，不能依靠自己独立决定不可还原性是否为真。但是，这对我们区分不可还原性是否为真的立场，并没有造成多么不同的影响。即使在涉及不可还原性方面是不可靠的或者是沉默无言的，内省仍然可以通过把我们放在某个恰当的位置，让我们了解关于自身心理状态的*其他*事实，从而对我们认识不可还原性是否为真的立场造成影响，而这些心理状态将会在哲学争论中被用来支持或反对不可还原性。

为了排除这种可能性，来自不同观点的论证必须得到加强，以便涉及所有关于心理状态的主张，这些主张可能参与到支持或反对不可还原性的论证中。

例如，前提（1）就必须修订为："关于可能参与不可还原性论证的心理状态的所有主张，即使心理上相似、术语上校准、无偏见和在内省方面同样可靠的哲学家之间也存在着持续性的分歧"。如果在整个论述中将"不可还原性"替换为"可能参与不可还原性论证的心理状态的所有主张"，将会产生一个证明极端悲观主义的论证。

但是，没有理由认为这样的论证是可靠的。哲学家们关于不可还原性存在分歧，但他们倾向于同意以下的主张：

· 我能马上判断出我是否正在有意识地认为 3 是质数。

· 在把"狗狗狗狗狗"仅仅作为一个音节序列来听，和作为一个有意义的句子来听之间，有一种感觉上的不同。

· 在只是心存这个想法即"如果 $a<1$，那么 $2-2a>0$"，和凭直觉知道"如果 $a<1$，那么 $2-2a>0$"之间，有一种感觉上的不同。

· 比如理解"狗狗狗狗狗"这个音节序列所表达的意思和直觉到命题"如果 $a<1$，那么 $2-2a>0$"为真，这些都有助于使生活变得有趣。

没有理由认为，在心理上相似、术语上校准、无偏见和在内省方面同样可靠的哲学家之间存在着持续性的分歧。但是，正如我们将看到的那样，这些主张可以参与到支持或反对不可还原性的论证中。

因此，无论极端乐观主义还是极端悲观主义，都没有得到合法证明。采取某种中间立场似乎是最为可行的。尽管如此，确切地表述这样一种立场是很困难的。人们想知道：在支持或反对不可还原性的哲学论证中，哪一种可靠的内省判断是有用的？在详细考虑特定的哲学论证之前，我们还不清楚如何回答这个问题。我建议采取一种实验性的方法。让我们来尝试使用不同内省证据的各种论证，看看它们能把我们带向哪里。在下一节，我们将从那种初看起来是非常间接地走向内省的东西开始我们的尝试。

第二节　来自内省性的论据

仅凭内省无法告诉你不可还原性是否为真。然而，一般而言，仅凭内省就可以告诉你，你是否正在有意识地思考 3 是质数。一些认知现象学的支持者采用的一种策略是，将这一事实——有意识的思想是能够内省的——作为关于不可还原性或其他类似命题的众多哲学论辩的前提。皮特已经在最广泛的细节方面发展了这种论证。[6] 在本节和下一节中，我们将集中精力关注他的研究以及认知现象学的反对者对此的一些回应。

皮特赞成的一个论点可以表述如下：

（P）每一种有意识的思想——每一种有意识地思考 p 的思想状态，对于所有可想象的内容 p 来说——都有一种专有的、独特的、个体化的现象学。[7]

为了理解这个命题，我们需要明白皮特通过"专有的""独特的""个体化的"想要表达的意思。以下是他所写的内容：

我将要证明，有意识地思考一种特定思想的真实样子是：（1）不同于处于任何其他有意识的心理状态的真实样子（亦即*专有的*）和（2）不同于有意识地思考任何其他思想的真实样子（亦即*独特的*）……我还将在这一部分证明（3）关于一种思想的现象学*构成*了它的表征内容（亦即是*个体化的*）。[8]

有了这些解释，皮特的命题（P）将变得非常有力。（P）既意味着不可还原性，也意味着认知现象意向性，但不可还原性和认知现象意向性结合并不意味着（P）。

要看出（P）既包含了不可还原性又包含了认知现象意向性，就要考虑一些有意识的思想 p，并假定它的现象学是专有的和个体化的。如果它的现象学是专有的，那么有意识地思考 P 时它的真实样子与处于任何其他有意识的心理状态时它的真实样子是不同的。因此，没有一个完全的感觉状态将足以使你置身于和有意识的思想 p 让你所处的状态一样的现象状态中。在这里，它表现的是不可还原性。如果它的现象学是个体化的，那么有意识的思想 p 的现象学就构成它的表征内容。所以，有意识的思想 p 使你置身其中的现象状态，将足以使你处于认知的意向状态——特别是那些关于思想 p 具有相同的表征内容的意向状态。因此，它表现的是认知现象意向性。

为了理解不可还原性和认知现象意向性不共同蕴涵（P），现在我们考虑一些有意识的思想 p，假定关于它的不可还原性是真的，并且相对于它使你置身其中的现象状态而言的认知现象意向性也是真的。不可还原性意味着，没有完全的感觉状态足以使你置身于和有意识的思想 p 使你所处的现象状态同样的状态，但这并不意味着除了思想 p 之外就没有其他认知状态足以使你处于同样的现象状态，即有意识的思想 p 让你所处的状态。因此，它并不意味着皮特所谓的独特性，即论点（P）的第二个组成部分。认知现象意向性意味着，有意识的思想 p 使你置身其中的现象状态将使你处于某种认知的意向状态，但这并不意味着这些现象状态将足以使你处于认知意向状态，这些意向状态和思想 p 具有相同的表征内容。因此，尽管很相似，但是这个说法并不比皮特个体化的

31

说法更强烈，后者是（P）的第三个组成部分。

不可还原性和认知现象意向性之间是有争议的。因此，任何想要建立一个比它们更有说服力的命题的论证，都是非常有意义的。现在让我们来审查一下皮特的论证。

这是他最初的构想：

一般情况下——不包括意识模糊、注意力不集中、功能受损等——一个人能够有意识地、内省地和非推论性地（从现在起，"立即"）做三件明显不同（但密切相关）的事情：（a）把自己当下的有意识思想和其他正在发生的有意识的心理状态辨别清楚；（b）把自己的每个正发生的有意识的思想和其余的思想辨别清楚；（c）识别出自己当下的每一个有意识的思想并把它看作是它所是的样子（也就是说，当作拥有它所具有的*内容*）。但是（争论还在继续），一个人不可能做这样的事情，除非每种（类型）当下有意识的思想都有一种现象学，这种现象学（1）不同于任何其他类型的有意识的心理状态的现象学（专有的），（2）与任何其他类型的有意识思想的现象学不同（独特的），而且（3）构成了它的（表征性）内容（个体化的）……因此（争论结束），每一种有意识的思想都有一种专有的、独特的现象学，这种现象学构成了它的表征内容。[9]

皮特论证的基本形式可以概括如下：我们能够Φ；除非 p 成立，否则我们不能Φ；因此，p 是成立的。我们能够立即区分和识别出我们有意识的思想；除非（P）成立，否则我们不能立即区分和识别出我们有意识的思想；因此，（P）是成立的。这种论证形式是有效的。所以，如果这个论证有问题，问题就出在其中一个前提上。

前提中使用了两个需要解释的概念。这两个概念包括：将一种心理状态（特别是有意识的思想）与其他心理状态区分开，以及将一种心理状态（特别是有意识的思想）识别为这种状态本来的样子。皮特通过引用德雷斯克早期关于知觉和知觉知识两个概念的工作成果来解释它们。

第一个概念是德雷斯克所说的"非识见"（non-epistemic seeing）。德雷斯克是这样解释这个概念的：

S *看见*$_n$（非识见）D＝通过 S，D 在视觉上与它的直接环境区分开。[10]

借助"视觉区分"，德雷斯克想表达的是："S 对 D 的区分，是由 D 呈现给 S 的一些方式，以及 D 看起来与其直接环境的不同构成的。"[11] 请注意，这与我在引言中解释觉知概念的方式是相似的。我在那里提出，觉知状态使人们能够对觉知对象进行明确的思考，至少在一定程度上，是因为它们从现象上区分了觉知对象（边码 12-13）。被如此描述的觉知是一种可确定的联系。它的确定性之一是视觉觉知，在这种觉知中，觉知对象通过它们显现的样子被明显地区分出来。那么，似乎德雷斯克的非识见的概念应该与视觉觉知具有一致性。

　　皮特所引用的德雷斯克的第二个概念是德雷斯克所说的"初级识见"（primary epistemic seeing）。使"初级识见"具有认知性的是那种与非识见不同的东西，它必然包含着一种相当于知识的信念。你并不会对你所看到的一切都形成信念。例如，你可能会看到一只扁尾角蜥蜴，它也许还是同类中一个健康的样本，但你可能对这件事不会形成任何信念。然而，如果你确实形成了这样的信念，那么你就会以一种被看成是初级识见的方式这样做。至于什么时候，一个主体 S 能发现一个非识见的对象 b 有某种属性 P，德雷斯克给出了一组充要条件。这些条件是：

33

　　（1）b 是 P

　　（2）S *看见*$_n$（非识见）b

　　（3）S *看见*$_n$b 的条件是，b 不能看起来像 L——它现在呈现给 S 的样子，除非它是 P。

　　（4）S 相信这个条件正如（3）所述，则把 b 看作是 P。

　　请注意，德雷斯克关于"初级识见"的分析并没有使用知识的概念。这是因为他正致力于以更基本的术语分析知识的项目。但我们不会立即尝试这么做。就我们的目的而言，重要的是要单独考虑"初级识见"的概念，并确保在我们心中能获得正确的理解。如果我们使用知识的概念，那么解释"初级识见"就是一件很简单的事情。在这种原初认知的意义上，你之所以看见这只蜥蜴是扁尾角蜥蜴的一个健康样本，是因为你知道蜥蜴是扁尾角蜥蜴的一个健康样本，其判断根据是，当你在视觉上意识到它的时候它呈现给你的样子。概括而言，在原初认知的意义上，如果 S 发现 b 就是 P，那么其条件是 S 知道 b 是 P——这个知道的根据是，当 S 在视觉上意识到 b 的时候，b 就是它呈现给 S 的样子。

　　正如视觉觉知是一种觉知形式一样，这种初级识见也是一种基于觉知的知识形式。我们可以对基于觉知的知识这个更一般的概念做如下解释：S 基于觉知知道 b 是 P，当且仅当 S 知道 b 是 P——这个知道的根据是，当 S 意识到 b 的时候，b 是呈现给 S 的样子。皮特用"熟悉"和"熟悉的知识"来形容这里所说的觉知和基于觉知的知识。然而，皮特选择的术语有它自身的历史。伯特兰·罗素（Bertrand Russell）在发展他关于经验、判断和语言的观点时使用了这些术语。我们将在第六章讨论其中的一些观点。但是，皮特的观点不必依赖 34 于罗素关于这些问题的独特主张。为了使这一点更加清楚，我将使用"觉知"和"基于觉知的知识"来代替"熟悉"和"熟悉的知识"。

我们已经用感官知觉的例子说明了觉知和基于觉知的知识。但是这些概念的范围比感官知觉扩展得更远。我们似乎也意识到自己的心理状态，并拥有基于觉知的关于我们自己的心理状态的知识。试着掐一下你自己。与这个掐的动作相联系的感受是一种有意识的心理状态。它的直接环境是同时发生或几乎同时发生的你的其他有意识的心理状态。而且，它在现象上与这些背景有明显的区别：被感觉到的那个掐痛，明显不同于你的感官知觉体验以及其他身体方面的感觉。所以，你说你意识到了被感觉到的掐痛是没有问题的。进一步说，当你意识到有感觉的掐痛时，根据它呈现的方式你知道一些关于它的事情。例如，你知道它在感觉上不同于痒。所以说，你的知识建立在对掐痛的觉知上是没有问题的。

现在回想一下，我们之所以对觉知和基于觉知的知识展开讨论，是因为我们希望对皮特关于"区分"和"识别"有意识的思想这两个概念有所了解。鉴于上述内容，这一点很容易理解。这两个概念概括了这样一种观点：觉知和基于觉知的知识扩展到了我们自己的有意识的思想领域。区分一个有意识的思想等于是正在觉知它。识别一个有意识的思想就意味着去理解，在觉知它的基础上知道它是什么思想。请注意，如果基于对 M 的觉知，S 知道 M 是一种思想 p，那么 S 的觉知对象就是 M 本身。所以识别一种有意识的思想要以区分它为前提。由此可见，上面（边码 31-32）引用的皮特论证中提到的能力（c）是以能力（a）和能力（b）为前提的。更进一步说，如果 S 意识到 M，那么 M 在现象上就是不同于 S 的同时发生或几乎同时发生的其他有意识的心理状态，而不管这些状态是不是其他有意识的思想。也就是说，在皮特的论证中，能力（a）和能力（b）是作为一个整体组合在一起的。

因此，以一种专注于识别有意识思想的方式确切表述皮特的论证是可能的。下面就是皮特所做的总结：

简而言之：

（K1）我们可以立即识别出自己正在发生的有意识的思想（相当于说：一 35 个人可以通过熟悉［即在觉知的基础上］知道某个特定的正在发生的有意识的思想是什么）；但是

（K2）除非每种类型的有意识的思想都有一种专有的、独特的、个体化的现象学，否则不可能立即辨认出一个人有意识的思想［因此，除非至少不可还

原性和现象意向性都是正确的〕；所以

（P）每一种有意识的思想——每一种有意识地思考 p 的思想状态，对于所有可想象的内容 p 来说——都有一种专有的、独特的、个体化的现象学〔因此，不可还原性和现象意向性都是正确的〕。[12]

我已经在括号里添加了一些内容，它们将调整皮特在这里使用的他比较喜欢的阐述方式，以使之更加精确。如上所述，这个论证是有效的。既然我们已经探索了其前提的含义，就更容易评估它的合理性了。

第三节 评价来自内省性的论据

约瑟夫·莱文（Joseph Levine）写道：

知道自己正在想什么这件事本身，就在指示一个心理表征——一个心理语言上的判断——它表达了一个人正在思考他思想的东西这个事实。在皮特看来，使得这种直接知识成为可能的是这个事实，即这个具体的判断不是推理的结果，而是这种一阶思维状态本身的直接因果关系的结果（同时伴随着一些功能上可以描述的内在监控过程）。正是相关过程的可靠性导致了高阶判断，而这个判断则表达了一个人正在思考某个特定内容的事实，从而这个事实被视为知识。如果这个解释是充分的，那么我们就不需要诉诸这个思想的现象特征来解释我们是如何——立即地——知道我们正思考它的。[13]

以类似的方式，泰伊和赖特写道：

让我们承认，关于那些当下发生的我们在思考某物的内省知识并不是毫无根据的。更准确地说，它基于我们能进行思想内省的证据。可能有人会提出，这里的相关证据是由提供论证理由的内省信念构成的。然而，从直觉上看，相信我们真的在思考命题 p 的证据根本不存在于进一步的信念中。凭借直觉，我们通过内省可以获得机会接近某些心理状态，而这些状态是我们内省信念的证据，同时却无法为这些信念提供一种命题证明（a propositional justification）。关于内省知识的可靠主义观点认为，内省信念由于它们可以追溯到某种因果关系而得到保证，而这个追溯将包括所涉及的被内省的心理状态。[14]

莱文、泰伊和赖特描述了一些方法，以了解一个人有意识地在思考什么，而这种思考并不依赖于他的任何有现象特征的有意识思想。

他们分享了相同的基本观点，即知道一个人正在有意识地思考什么，可以通过一个真实可靠的机制进行解释。假定 M 是一个人关于 p 的有意识思想，而 B 则是这个人的信念，即相信他在有意识地思考那个 p 的信念。那么，为什么 B 就相当于知识？根据皮特的观点，B 相当于知识是因为它以 M 如何呈现于这个人为基础，而这个人此时正好意识到 M。而根据莱文、泰伊和赖特的观点，B 相当于知识是因为在我们的心理工具箱中有一个可靠的机制，这个机制将一种心理状态作为输入，并将一个信念作为输出，该信念就处于那种心理状态中，而 B 则是该机制对 M 进行操作的结果。这两种明显不同的解释并不取决于 M 是否有任何外部的显现。让我们把皮特的解释称为基于觉知的解释，而把莱文、泰伊和赖特提出的对比解释称为可靠主义解释。

目前尚不清楚，可靠主义者的解释将如何挑战皮特的论证。它挑战的是哪一个前提呢？莱文写到的一件事情——他的可靠主义理论阐明了"*在皮特的意义上*，是什么让这种东西（关于一个人在有意识思考什么的那个信念）成为直接的知识"——表明这个问题的答案是第二个前提（K2）。皮特在第一个前提下说明了一些现象。而他的第二个前提是，对这种现象的唯一解释是他基于觉知的说明。接着，莱文、泰伊和赖特提出的挑战是，认为第二个前提是错误的，因为还有其他可靠主义的解释。因此，皮特的论证至少是不完善的，他需要证明基于觉知的解释比可靠主义解释更好。

这是应对挑战的一种方式，但我不认为这是最佳的应对方式，也不认为辩论各方事实上就是这样理解它。确切地说，莱文、泰伊和赖特提出的挑战是对皮特的第一个前提的质疑。与其接受皮特对这一现象的描述并提供一种替代性解释，他们直接拒绝了皮特的描述本身。他们这样做是有道理的，因为皮特对这一现象的描述是非常有倾向性的。他不仅进行了毫无争议的观察，即（发现）我们经常通过内省知道我们有意识地在想什么；而且，他提出了一个有争议的论断，即我们经常知道我们有意识地在想什么。这是基于当我们意识到我们的有意识思想时，它们是如何呈现出来的。这种主张建立在觉知的基础上，已经植根于皮特对这一现象的描述中。在第二个前提中，他的解释不是关于为什么我们的信念等同于知识，而是更进一步，针对我们的信念为何等同于知识这个问题，询问为什么基于觉知的解释是有效的。

因此，他们的分歧是这样的：根据皮特的说法，对典型案例的反思表明，我们知道我们有意识地在思考什么，这种现象符合基于觉知的解释；而根据莱文、泰伊和赖特的看法，对典型案例的反思与我们知道我们有意识地在思考什么的可靠主义解释是相容的。

然而，伴随这个结果而来的问题是，现在我们面临着过度内省的危险。在第一节（"内省的作用"）中，我们考虑了用内省来确定不可还原性是否为真的前景。这个前景看起来很暗淡。不可还原性超出了直接内省的范围。皮特的论证本应超越这个问题，通过将注意力重新聚焦到事实上，即内省告诉我们我们在有意识地思考什么。我们有意识的思想就存在于直接内省的范围内。但是现在我们发现，皮特的论证不仅取决于一个前提，即我们能够内省自己的思想，而且还取决于一个和内省包括的内容相关的前提——这个前提的基本内容是，当我们内省自己的思想时，我们对它们的了解是基于它们被我们意识到时的呈现方式。这个前提本身看起来应该得到内省的支持。

因此，皮特诉诸内省来支持关于内省包括什么的主张。莱文、泰伊和赖特对内省提供支持的说法表示异议。根据他们的观点，内省可能存在于一个独立于觉知的可靠过程中。他们不必声称内省本身支持关于它的可靠主义解释。他们需要声明的是，内省本身在基于觉知的解释和可靠主义解释之间是中立的。总而言之，这些观点可以概括为：内省告诉我们我们在有意识地思考什么；而且，也许正是内省告诉我们——内省告诉我们我们在有意识地思考什么；但是——莱文、泰伊和赖特可能会说——内省并没有告诉我们它自身潜在的特性，特别是关于机制的性质，借助这个机制它告诉我们我们在有意识地思考什么。

由此可知，皮特的第一个前提需要更多的支持。有人可能会认为，内省确实告诉了我们它自己的运作方式，并且这些运作方式也适合那些基于觉知的解释。或者，有人可能会为基于觉知的解释开发一个论证，这个论证涉及的考虑会超出仅仅依靠内省所提供的那些东西。

第二种可能性依赖于一般认识论中作为背景的命题。一般认识论中最相关的问题是认知的内在主义者与认知的外在主义者之间的争论。这是一个复杂的问题，值得并且已经获得了认真的对待。在这里，我只限于说明，这与皮特和他的批评者之间的争论有何种关系。

在认知的内在主义者看来，一个人有理由信以为真的那些事实是由他从某个角度借助唯一的反思所了解的事实来决定的——也就是说，通过内省和先验推理决定。这些事实包括自己有意识的心理状态和逻辑关系。但是，他们排除了心理机制可靠性这个事实。根据认知的外在主义者的观点，一个人有理由信以为真的那些事实，应该也依赖于另一些事实，即那些一个人可能无法从某个角度仅仅通过反思去了解的事实。其中，包括了与一个人在心理机制上的可靠性相关的事实。

莱文、泰伊和赖特所辩护的可靠主义解释是一种关于内省的认知外在主义解释。假设最好的外在主义解释是这样的，即如果你是一个外在主义者，那么你应该采用这一解释。皮特所辩护的基于觉知的解释是一个关于内省的认知内在主义解释。假设最好的内在主义解释是这样的，即如果你是一个内在主义者，那么你应该采用这一解释。然后，人们可能会为皮特的基于觉知的解释发展出一个内在主义的论证，如下所示。首先，认知内在主义要比认知外在主义更好。其次，关于有意识思想的内省解释，基于觉知的解释比任何其他内在主义解释都更好。因此，皮特基于觉知的解释比其他所有解释都好，是我们应该采用的解释。

这并不是要为基于觉知的解释做一个实际的论证。相反，它表明了基于觉知的解释的支持者可能会采取的一条路线。如果它被证明是可行的，那么就有理由接受皮特的第一个前提（K1）。

现在让我们考虑一下对皮特第二个前提的挑战。泰伊和赖特举例如下：

39

考虑一个简单的关于看的例子——比如说，我看到一个成熟的番茄。当我看到番茄时，我意识到了它。它看上去又红又圆。在这里，具有现象特征的不是番茄——我意识到的那个东西——而是我对它的意识。一般来说，对于被体验到的 M 而言，借助 S 体验到的那些方式，不是关于 M 的现象学问题，而是由 M 在 S 中引起的某种现象学或其他状态的问题。相应地，如果对一个特定思想 t 的内省觉知，就像看到了一个番茄一样，那么具有现象特征的就不是 t 而是我关于 t 的内省意识。[15]

关于知觉的这种观点是正确的。如果通过看见番茄时它呈现给我的样子，我知道一个番茄是红色的，那么拥有现象特征的就是我的视觉体验，而不是这个番茄。泰伊和赖特建议，如果皮特一直把基于觉知的解释应用到有意识思想的知识上，那么类似的主张也应该成立。也就是说：如果我知道我在有意识地思考 p，是通过当我意识到我的思想 p 时它呈现给我的样子，那么具有现象特征的就是我的内省体验，而不是关于 p 的那个思想。

至少有两种回答可以代表皮特的观点。

第一个回答是，向泰伊和赖特承认这一点，但指出泰伊和赖特的观点并没有明显削弱皮特的前提（K2）。如果基于觉知的解释适用于有意识的思想，那么有意识的思想就会有其外观（appearance），并且还不清楚这些外观除了是现象特征外还能是什么，即使它们与有意识思想的内省体验所拥有的现象特征不同。这些现象特征是否也必须是专有的、独特的和个体化的？这是另一个问题——我们将在下面再讨论这个问题。

第二个回答旨在识别伴随有现象特征的有意识思想的外观，而其现象特征则被有意识思想的内省经验所占有。如果觉知的对象和这个觉知是相同的，那么如果觉知具有现象特征，则觉知对象也会具有现象特征。在感知觉知的情况下，这种同一性是令人难以置信的。番茄是一回事，你对这个番茄的感知觉知是另一回事。所以番茄不需要拥有你对番茄的认知所具有的现象特征。然而，在意识到有意识思想的情况下，也许这个同一性是可辩护的。有意识的思想就是经验。也许，在某种程度上它们是它们自身的经历。从这种观点来看，一个有意识的思想是一件事，你对这个有意识思想的内省意识是同一件事。所以，有意识的思想与你关于该思想的知觉具有相同的现象特征。

40

考虑霍根（Horgan）、蒂恩森（Tienson）和格雷厄姆（Graham）的以下观点：

> 感觉现象状态不仅向体验者呈现明显的对象和属性——例如，红色作为一个明确对象的一种明显属性出现在一个人的视野中。此外，它自己呈现*自身*，因为给定的现象状态类型是一种特殊的现象特征类型。一定有某种东西存在，*体验红色的真实感觉就是这样*。对红色物体的视觉体验不仅使你熟悉这些物体及其红色，而且使你熟悉体验本身所具有的体验红色的真实感觉的独有特征。[16]

霍根等人描述的那类觉知被称为自我呈现的觉知（self-presentational awareness）。[17] 关于它的两个说明依次展开如下。

第一，它并不仅局限于感觉状态。正如霍根等人所阐明的那样，提出自我呈现的觉知存在的动机是现象意识本身，而不是关于感觉的现象意识的任何特殊性质。人们可能会担心，把有意识的思想当作自我呈现是在回避正题。但事实并非如此。有意识的思想在现象上是有意识的，这一点是毋庸置疑的。现在的问题是，它们的现象特征是否还包括皮特所声称的其他特点。

第二，自我呈现的觉知与内省的知识是不一样的。自我呈现的觉知是前反思的：它会自动伴随着所有的现象上有意识的状态而出现，并且它的出现一般不会导致相关联的信念产生。然而，内省的知识是反思性的：它是由我们想要获得关于我们自己的知识的意图所引导的，通常会产生相关的信念。[18] 自我呈现的觉知是一种觉知形式，并且类似于视觉，而不是一种自我知识的形式，后者类似于基于看见的感性知识。

如果关于有意识思想的觉知是自我呈现的觉知，那么泰伊和赖特就错误地理解了应用基于觉知的解释来了解有意识思想的含义。那么，到目前为止，皮特的前提（K2）看起来还处于相当好的状况。

然而，还有另一种方法可以挑战皮特的第二个前提。这与泰伊和赖特的挑战相似，因为它根源于对感知情况下基于觉知的解释如何运作的反思。

假设你知道一个番茄是红色的，是通过你看到番茄时它呈现给你的样子。请注意，这与两个事实是一致的。第一，某种不是红番茄的东西呈现给你的方式，可能恰好和红番茄呈现给你的方式是一样的。它可以是一幅全息图，也可以是另一种不同颜色的水果，它被安放的位置和照明都恰好使它看起来和红番

41

茄应该呈现的外观一样。可能性是无穷的。第二，某类是红番茄的东西，可能呈现给你的却是除红番茄以外的样子。这可能是由于不寻常的环境影响或是你处在一些非典型的情况下。同样，可能性是无限的。所以，即使通过你看到番茄时它所呈现给你的样子，你知道番茄是红色的，这并不意味着：①除了番茄以外，没有其他东西看上去是那种样子；②除了红色的番茄以外，没有其他东西看上去是那种样子；③这样的外观暗示着一个红色番茄的在场。也就是说：一个红番茄的外观不一定是专有的、独特的或个体化的，人们通过它的外观也不一定就知道这个番茄是红色的。那么，为什么一个有意识的思想 p 的显现，必须是专有的、独特的和个体化的，才能够让人通过它显现的样子知道一个有意识的思想是那个思想 p 呢？

所以，这种担忧在两个方面向皮特做了让步，即承认我们经常通过意识到我们的有意识的思想来了解它们，并且承认它们具有现象特征。这种担忧对皮特关于现象特征的本质看法提出了挑战，质疑它们是否必须是专有的、独特的和个体化的。如果现象特征不需要具备这些特点，那么基于觉知使我们关于有意识思想的知识得以可能的现象状态，也许可以完全还原为感觉现象状态。

我倾向于认为，这对皮特的论证而言是一件极其烦恼的事情。如果番茄的外观是专有的、独特的和个体化的，那么基于番茄外观的感性信念将是绝对可靠的。也就是说，你根据番茄的外观而认为它是红色的，这个判断是不会出错的；如果它呈现给你的是红色的样子，那么它将一定是红色的。但是没有任何理由认为，基于番茄外观的感性信念是绝对正确的。你很可能会错误地认为一个番茄是红色的，因为它呈现给你的就是红色的。因此，没有任何理由认为，番茄的外观是专有的、独特的和个体化的。

那么，内省怎么样呢？一般来说，内省是不可靠的。目前还不清楚的是，为什么对我们自己的有意识思想的内省会是特别的情况。可以确信的是，内省经常会让事情变得正确。但是为什么必定是这样呢？根据它呈现给你的样子，难道你不可能错误地相信你正在拥有某种类型的思想吗？一些哲学家们争辩说，当我们认为我们正在持有一种可演示的思想，却没有什么东西可以真正地演示出来时，这样的错误就发生了。[19] 例如，当麦克白（Macbeth）对他自己说："这就是我眼前所见的其柄对着我的手的那把匕首吗？"那么，他也可能会认为自己正在对一把匕首展开演示性的思想，而且这种信念可能是基于他在独白中表达的思想如何呈现于他而形成的。但是，至少从某些观点上看，他对自己思想的信念可能是错误的，因为对他来说没有真正可演示的匕首。

假设沿着这条路线可能会出现错误，那么，即使基于觉知的解释是正确的，并且我们对自己的有意识思想的认识是基于它们呈现的样子，它们的外观也不一定是专有的、独特的和个体化的。对这条论证路线的一个积极回应是，拒绝接受我们在觉知到我们的有意识思想的基础上，对它们会形成错误信念的可能性。一种表示让步的回应是，承认在某些情况下错误是可能的，但认为在一些特殊情况下它是不可能的，而且这些特殊情况足以使皮特的论证发挥作用。两种回应都不会被上述的任何一种情况封闭起来。也许其中一个是可行的，但这两种方法都不是显而易见的。所以皮特的论证至少需要进一步补充。

第四节　结　语

这一章的结论基本上是否定性的。单纯的反思并不能解决关于认知现象学的各种争论。基于对有意识思想的内省性的争论，其结果被证明是不确定的。然而，一个积极的结论是，我们不必完全放弃内省。内省可以为支持或反对不可还原性的其他可能的哲学论证提供前提。在接下来的几章中，我们将考虑一些这样的论证。

注　释

1 Siewert（1998：276-277）。

2 Tye 和 Wright（2011：329-330）。

3 Bayne 和 Spener（2010）。

4 请参阅 Siewert（2011），他在其中试着全面、细致地解释"现象状态""它所是的样子""现象特征"等相关术语，而没有赋予它们一种限制性的意义，即将它们的适用范围限制于与痒感、身体感觉、视觉感知等现象上相似的状态。

5 Schwitzgebel（2008：259）。

6 另见 Goldman（1993）。

7 Pitt（2004：5）。

8 Pitt（2004：3-4）。

9 Pitt（2004：7-8）。

10 Dretske（1969：20）。"$Sees_n$"是德雷斯克对非识见的简称。

11 Dretske（1969：20）。

12 Pitt（2004：8）。

13 Levine（2011：106-107）。

14 Tye 和 Wright（2011：340）。

43

15 Tye 和 Wright（2011：339）。

16 Horgan 等（2006：54）。

17 Kriegel 和 Williford（2006）为理解这个概念的文献提供了一个很好的切入点。

18 参见 Zahavi（2005）、Gallagher 和 Zahavi（2012），了解关于前反思/反思的区别的进一步讨论。

19 参见 Evans（1982）和 McDowell（1986）。

拓 展 阅 读

Schwitzgebel（2008）及 Bayne 和 Spener（2010）是开始探索内省可靠性的好的起点。在对认知现象学展开辩论的背景下，Spener（2011）专门对内省进行了讨论。皮特（Pitt，2004，2011）从内省性的角度开展了他的论证。参见 Levine（2011）及 Tye 和 Wright（2011）对皮特的论证的批评。

第二章 对 比

在前一章中，我们考虑了哲学家们基本认同的一些内省判断。其中两个如下：

· 在把"狗狗狗狗狗"仅仅作为一个音节序列来听，和作为一个有意义的句子来听之间，有一种感觉上的不同。

· 在只是心存这个想法即"如果 $a<1$，那么 $2-2a>0$"，和凭直觉知道"如果 $a<1$，那么 $2-2a>0$"之间，有一种感觉上的不同。

在本章中，我们将探讨如何将这些主张转化为关于不可还原性的论证。我们将要考虑的论证被称为现象对比论证。这些论证的目标是把关于现象差异的无争议的、借助内省已经认识的主张，看成是支持有争议性的主张（如不可还原性）的论证前提。

我区分了三种类型的现象对比论证。这些论证都依赖于与某些心理状态的现象特征有关的前提。第一类论证完全依赖于与不同心理状态之间的现象差异有关的前提。我将把这些称作纯粹现象对比论证。在我看来，这些论证没有那么有力。第二类和第三类论证代表了加强现象对比的两种不同方法，以更有效地确立不可还原性的主张。第二类论证依赖于那些与"假想人"（hypothetical people）的心理状态之间的现象差异有关的前提，而这些"假想人"缺乏所有的感觉现象学。我将把这些称作假设现象对比论证。在我看来，这些论证都是有问题的。第三类论证不仅仅依赖于与心理状态之间的现象差异有关的前提，还依赖于为这些现象差异提供补充性解释（the gloss）的那些前提。我将把这些称作是解释性现象对比论证。在我看来，对于不可还原性，存在着一个合理的解释性现象对比论证。

下面的每一节分别讨论三种现象对比论证的其中一种。

第一节 纯粹现象对比论证

让我们设想一个案例，它是一个真实的或可能的场景，在该场景中主体处于某些现象状态中。一个现象对比是由一对案例组成的，而这对案例的主体所处的现象状态有所不同。

现象对比有用的原因之一是，它有助于引起人们对某些现象状态的注意。在引言中，我以理解、直觉、看见和反应为例，运用了这种方法。我们可以称其为现象对比的举例用法。借助一个现象对比论证，我还拥有了其他方面的考虑。[1] 一个现象对比论证的目的不仅仅是指出一些现象状态，而是要针对这些状态的本性建立一些命题。通过纯粹现象对比论证，我想要的论证旨在通过推理建立一个只是关于某个现象对比存在的命题。这些论证通常采用最佳说明推理的形式。

以下是文献中一个著名的例子：

> 一些哲学家会问，是否真的存在一种被称为理解式-体验的东西，它超越了视觉体验、听觉体验等诸如此类的东西……这个问题可能会被提出：在雅克（一个只会说法语的法国人）和杰克（一个只会说英语的英国人）之间，当他们听法语新闻时，他们之间的区别真的在于这个法国人进行了不同的*体验*吗？……目前的判断仅仅是，雅克听新闻时的体验与杰克完全不同，而且即使雅克和杰克有着相同的听觉体验，也不改变这个判断。

46 当然，可以确信的是，雅克听新闻时的体验和杰克的体验是很不同的。这两者之间的区别可以用这样一种说法来表达：当雅克在接触到声音流时，他有一种我们可以完美地称之为"作为理解的体验"或"一种理解式-体验"的体验，与此同时杰克却没有这种体验。[2]

这种现象对比由以下一对案例组成：

雅克的案例：听到这个新闻，带着理解。
杰克的案例：听到这个新闻，却不理解。

以下是我们推断最佳解释的一种方式：
（1）雅克和杰克的案例包含不同的现象状态。
（2）雅克和杰克的案例包含相同的感觉状态。
（3）雅克和杰克的案例包含不同的认知状态。
（4）这些现象状态差异的唯一可能解释，是感觉状态之间的差异或者是认知状态之间的差异。
（5）对于现象状态差异的最好解释是认知状态的差异。
（6）因此，存在一些现象状态，只有认知状态而非感觉状态才能使人置于其中。

这个特殊的现象对比论证在三个方面都存在问题。第一，前提（2）是可疑的。第二，前提（3）至少也是有问题的。第三，结论（6）没有达到不可还原性的要求。下面我将逐一讨论这些问题。考虑不同的案例或使推理更加细致，可以弥补一些不足，但其他问题依然保留。

　　我将假设前提（1）和（4）是可以接受的。前提（1）来自现象对比，并且似乎是不可置疑的。前提（4）可能面临细节上不同的多种声音，但在目前背景下它是一个有用的且不引起麻烦的简化说明。要求（5）在（1）到（4）之后发生。

　　让我们从前提（2）开始。许多哲学家已经认为它是错误的，即这两个案例应该包含不同的感觉状态。[3] 例如，雅克可能会听到被结构化为单词和句子的声音流，而且他可能会有与新闻中讨论的各种主题相对应的视觉图像。作为回应，我们可以提出的论点是，即使这些差异存在，也不足以解释两个案例之间所有的现象差异。值得注意的是，（2）是比斯特劳森的观点更有力的主张。 47
斯特劳森说："存在着一种感觉，在这种感觉中雅克和杰克有着同样的听觉体验。"这种观点并没有解释前述说法，即认为存在一种感觉，其中他们的听觉体验是不同的主张，而且也没有解释其他感觉差异存在的可能性。因此，斯特劳森的想法是，没有必要排除任何感觉差异存在的可能性。一切最佳说明推理所要求的只是，无论存在何种感觉差异，这些差异都不属于解释两个案例之间所有现象差异的合适类型。这当然是正确的，但很难看出如何裁决两者之间的这场争论，即认为存在可充分解释的感觉差异的人和认为无论存在什么感觉差异都无法充分解释的人之间的争论。如果没有解决这个问题的方法，纯粹现象对比论证对不可还原的认知现象学的状况就不会有多大帮助。

　　考虑一个扩大的现象对比范围，它可能意味着至少在某些对比中，在缺乏可充分解释的感觉差异的情况下，仍存在现象差异。现在的文献中包含了许多可供选择的例子。如上所述，在听到"狗狗狗狗狗"时，它只是作为一系列音节被听到与它作为一个有意义的句子被听到之间，存在着可感知的现象差异。同样地，在听到"Let's meet at the bank"这个声音时，将其解释为建议在金融机构附近见面与建议在一片水域旁边见面之间，也存在着可感知的现象差异。我最喜欢的一个现象对比是，在知道关键词之前阅读以下段落和在知道关键词之后阅读以下段落之间的对比：

　　一张报纸比一份杂志好。相对于街道而言，海滨是一个更好的地方。在开始的时候，跑步比走路好。你可能将不得不多尝试几次。它需要一些技巧，但这些技巧很容易学会。即使是小孩子也可以享受到它的乐趣。一旦成功，使情况复杂化的因素是极少的。鸟儿很少靠得太近。然而，雨水以很快的速度浸湿了它。太多的人做同样的事情也会造成问题。一个人需要很多的空间。如果没有复杂的情况发生，它可以是非常平静的。一块岩石可用作锚。然而，如果事

情失去控制了，你就不会有第二次机会了。[4]

这段话的关键词是"风筝"。在这里，我们会感觉到读一篇文章却不理解它的意思和读一篇文章同时也领会它的意义之间的区别。这个清单可以被继续扩展。[5]然而，我不清楚的是，考虑更多的案例是否会增加纯粹现象对比论证的说服力。那些被说服相信存在不可还原的认知现象学的人，将会找到更多的例证来支持这种观点。而那些持怀疑态度的人则认为，通过仔细检查总能发现一些可以充分解释的感觉差异。

让我们回到前提（3）。这个前提是值得怀疑的，因为在语言理解的相关形式和性质上存在着彼此竞争的观点。一种观点认为，它至少部分地是一种认知心理状态。根据这种观点，前提（3）是真的。另一种观点认为它是一种完整意义上的感觉心理状态。根据这种观点，前提（3）是假的。认为理解是一种完全感觉心理状态的观点，依赖于感觉心理状态可能具有高层次内容的观点。我在引言中提到过这个想法。低层次内容表征像形状、颜色、声音、气味等这样的属性。高层次内容表征像意义、自然种类、人工产品的种类和因果关系等性质。那么，那种认为理解是完全感觉状态的人，会认为它是一种具有高层次内容的完全感觉状态，这些内容将语义属性归因于某些感知到的可解释项目，比如铭文或话语。[6]

关于这种观点，有两个方面需要依次澄清。首先，我们的观点并不是说，相关的理解形式一部分是感觉的，另一部分是认知的；也不是说，存在着一个表征形状或声音的感觉部分和一个表征语义属性的认知部分。在理解中，没有任何部分不受对环境见证者的觉知或似乎觉知的影响，而这个环境见证者是它所表征的语义属性的实例化。其次，这一观点并不意味着当你理解某些事情时，你意识到或者似乎意识到一些怪异的实体——这些实体在你的时空附近，而它的意义在四处飘浮。语义属性实例化的环境见证者，可能只是由普通的、低层次的、听得到和看得见的语音和书写特征构成的。如果理解是一种完全感觉状态，也并不意味着意义就是听觉或视觉感知的对象。接下来的结论是，理解状态以多种方式表征了语义属性，而这些方式依赖于对指示物的觉知或似乎觉知——这里的指示物可能是外观和声音——以及它们的实例化。

我不清楚哪一种关于理解的观点——部分认知的观点还是纯粹感觉的观点——是正确的。如果不考虑语义感知方面的经验研究就对这些观点进行评估是草率的。[7]然而，这不必然会阻碍通过纯粹现象对比论证来支持不可还原性。回想一下西沃特在上一章开头引用的关于思想转变的例子。[8]在不间断地从事某项活动（阅读、看电视或其他什么都可以）和正在进行那项活动却被突然的想法（例如忽然想起一次约会）打断之间，存在着一种感觉上的差异。在这种情况下，并没有将语义属性赋予一个被感知到的可解释项。因此，这些属性——理解的状态，是否属于纯粹的感觉并不重要。思想转变中涉及的现象对比明显包括认知心理状态的变化。因此，这种依附于前提（3）的担忧不会突然出现在围绕它们而构建的纯粹现象对比论证中。但是，还存在着和前提（2）相关的担忧。思想上的转变通常伴随着感觉上的差异，而认知现象学的反对者则认为正是这些解释了现象的不同。

最后让我们来考虑一下这个论证的结论（6）。它意味着存在着一些现象状态，使得认知状态而不是感觉状态使人置身其中。但不可还原性说的是其他的事情：一些认知状态使人处于某些现象状态，却没有一种完全感觉状态能满足这些现象状态的要求。这两种说法之间存在着差距。要看到这一点，我们需要考虑一个事实，即许多状态部分是认知的，部分是感觉的。例如，理解新闻的状态就包括听到新闻的环节。所以（6）的意义在于，证明存在着一些现象状态，使得部分认知状态而非完全感觉状态让人置身于其中。假设这种说法是真的，即存在着这样一个案例，其中一种部分认知状态而不是一种完全感觉状态使你处于某种现象状态中。这并不能推论出，没有任何完全感觉状态可以使你处于相同的现象状态中。也许一种部分认知状态使你处于某种现象状态中，但它使你置身其中的现象状态，也许与一种完全感觉状态使你置身其中的现象状态在方式上并无本质区别。即使这种完全感觉状态并没有在所讨论的场合发生，但是当它确实发生时，仍然可能是相关现象状态的一个充分条件。

鉴于以上三个方面的困难，认知现象学的支持者应该寻找更坚实的基础来支持他们的观点，而不是只依靠纯粹现象对比论证来提供根据。

第二节　假设现象对比论证

应对纯粹现象对比论证挑战的一个自然的方法是，在一对案例的基础上构建一个现象对比论证，其中需要做到的是，在这对案例中感觉状态没有任何变化。这样的一对案例实际上不会发生。但或许它们会发生。因此，就有了这个名称——"假设现象对比论证"。

在最近的作品中，克里格尔提出了一个论证，该论证可被理解为一个假设现象对比论证。[9]克里格尔支持的是一个较之不可还原性更强的命题。他提出的这个命题我称它为独立性，这意味着一些认知状态使人置身于现象状态中，而这些现象状态独立于感觉状态而存在。由于独立性隐含着不可还原性的含义，

50

所以任何确立独立性的论证都同时确立了不可还原性。

接受独立性等同于相信纯粹认知现象状态的存在。这些都是纯粹认知状态所支持的现象状态。克里格尔通过让我们想象一个人——佐伊（Zoe）——其全部的现象状态应当包括认知的现象状态，但不包括任何感觉的现象状态来为独立性辩护。它是由纯粹的认知现象状态组成的。克里格尔分三个阶段将佐伊带到充满想象力的生活中。

第一阶段是想象一些部分僵尸（partial zombie）。完全僵尸（complete zombie）是指具有内部状态，其功能与正常人的心理状态完全相同，但是不具有任何现象状态的生物；而部分僵尸是指具有内部状态，其功能与正常人的心理状态完全相同，但是缺乏一些特定类型的现象状态的生物。[10] 例如，一个视觉僵尸会有内在的状态，其功能与正常人类视觉和形象化的心理状态一样，但不会有任何视觉现象状态。这就是克里格尔开始提到的那种部分僵尸："想象一个人的视觉皮层功能异常，以致它不能产生视觉状态。这个人是先天性失明，但是让我们假设，她还不止于此：她不仅没有*视觉*能力，而且也没有*形象化*的能力。用霍根的术语说，她是一个*部分僵尸*——特别是*视觉僵尸*。"[11] 接着，稍稍努力就可以想象出一个完全的感觉僵尸，这里的"感觉"指的是与五种感官有关的那些感觉。于是，这个人失去了视觉、听觉、触觉、味觉和嗅觉的现象状态。然后想象一个痛觉僵尸——一个无法感受到快乐或痛苦的人。最后想象一个情感僵尸。这些部分僵尸中的每一个似乎都可以单独地、个别地想象。

克里格尔关于佐伊的描述的第二阶段是，把所有的部分僵尸聚合起来放在一起："执行另一个想象中的合成行为，设想一个人同时缺失所有这些现象学［感觉、痛觉、情感］。"[12] 我们的想法是，就像你可以想象一个感觉僵尸一样，你也可以综合想象视觉、听觉、触觉、味觉和嗅觉僵尸，于是你也可以通过合成一个感觉僵尸、痛觉僵尸和一个情感僵尸来想象一个感觉-痛觉-情感僵尸。

第三阶段也是最后一个阶段，是对第二阶段想象中的人做一个规定："她碰巧是一位数学天才，把她的日子都花在了有效地（重新）发展初等几何和算术上。在她的感觉、痛觉和情感空虚的黑暗世界中，她通过构想数学命题，非正式地思考它们的合理性，然后试图从她暂时设定的公理中证明它们，来避免无聊。"[13]

为了支持独立性，克里格尔需要对我们富有想象力的结果提出进一步的权利要求，即佐伊拥有现象状态。他通过证明存在着一个现象对比来做到这一点。特别是，他考虑了佐伊突然意识到一个证明应该如何进行的情况。例如，假设佐伊猜想存在一个无限多质数的数列。她知道，如果只有有限的质数数列，那么从第一个到最后一个就有一个关于它们的列表，即 $p_1, p_2, p_3, \cdots, p_n$。但在一个证明中，她该如何利用这个条件呢？……突然之间，她明白了：让 $P=p_1$, p_2, p_3, $\cdots$, p_n+1。[①]其中，P 是质数或者不是。如果 P 是质数，那么 P 就是一个不在列表中的质数。如果 P 不是质数，那么 P 可以被不在列表中的某个质数整除，因为除以列表中的任何一个都会剩下余数 1。所以，一定存在一个关于质数的无穷数列。

根据克里格尔的说法，在佐伊还没有突然领悟和佐伊实现突然领悟的情况之间存在一个现象对比。这就和西沃特的思想转变的例子一样。但它应该发生在没有任何感觉现象学的情况下，因为佐伊是一个感觉-痛觉-情感的僵尸。这就是为什么它是一种假设，而不是纯粹的现象对比。克里格尔讨论中的另一个转折点是，他不只是假设与佐伊的领悟有关的对比是现象的，他还为这一主张提出了论证。我在下面要回到这个论证。如果克里格尔关于存在一个现象对比的主张是真的，那么佐伊在领悟时的整体现象状态就是一个整体现象状态的经典案例，这种现象状态包含认知现象状态但不包含任何感觉现象状态。因此，存在着纯粹的认知现象状态——这些状态构成了佐伊在领悟时的整体现象状态——而且独立性和不可还原性都是真的。

克里格尔的论证有一个弱点，即对于认知现象学的反对者来说，他们可能会承认佐伊在某种意义上是可想象的，但这个意义却不是确立她的可能性的那种意义。克里格尔说，他可以想象佐伊以及佐伊的某种情况，在这种情况下存在整体的现象状态，它包括各种认知现象状态，但不包括感觉现象状态。鲍茨提出异议。以下是他对克里格尔描述的那些假设性案例所写的内容：

> 我们无法积极地想象这样一种情况。至少我不能。请努力去想象一下。如果［存在一种无感觉现象状态伴随的认知现象状态的可能情况］，那么在这种情况下，我们拥有一个与我们实际的现象生活重叠的丰富的现象生活，只是它完全是非感觉的。但它会是什么样子呢？你能想象这种重叠的现象学吗？如果你试图想象它会是什么样子，你可能会想象自己看到一片黑色，同时有一种内在的言语体验（"没有什么大事发生"），等等。但是那样你就不会去想象一种情况了，其中你具有认知现象特性而没有感觉的特性。[14]

这段话出现在反对不可还原性的一个论证中。我将在第五章中探讨这个论证。就当前的目的而言，关键的问题是，鲍茨拒绝承认克里格尔认为可以想象

52

---

① 在证明这个猜想的过程中，关键一步是设想出等式 "$P=p_1 \times p_2 \times p_3 \times \cdots \times p_n+1$"。本书在这里没有直接给出这个等式，而是列出了表达式 "$P=p_1$, p_2, p_3, $\cdots$, p_n+1"。其目的在于表明，在猜想建立联系与设想出等式之间，存在着一个突然领悟的过程。——译者注

的那些东西能够被无差错地"积极地想象"。

关于他们的不同观点有一种解释,即在设想和积极地想象之间存在着一个差距。这里的背景是关于模态认识论的工作,特别是亚布罗(Yablo)和查尔默斯(Chalmers)的工作。查尔默斯区分了积极的和消极的可想象性的不同之处:

> 这种消极的可想象性的重要观点认为,当 S 不被先验地排除时,或在 S 中不存在(明显)矛盾时,S 是消极地可想象的……

> 可想象性的积极概念要求人们对一种情况形成某种积极的构想,在这种情况下,S 就是这个情况本身。人们可以把各种各样的积极的可想象性放置在*想象力*宽泛的标题下:积极地设想一种情况就是想象一下(在某种意义上)对象和属性的特定配置。常见的情况是,在相当多的具体细节中去想象具体情况,这种想象往往伴随着解释和推理。当一个人想象一种情况以及关于它的理由时,他想象的对象常常被揭示为一种情况,在这种情况下,对于某些S来说,S就是事实本身。当情况是这样的时候,我们可以说,被想象的情况证实了S,而且也有人实现了对S的*想象*。[15]

53　　　假设所有人都承认佐伊是消极地可想象的。是否有理由认为她逃避积极的可想象性或想象能力?克里格尔似乎不这么认为。在谈到佐伊时,他说:"在我看来,想象这样一种内在生活是完全可能的,甚至可以从第一人称的角度来想象,也就是说,这是我自己的内在生活。"[16] 这一点很重要。根据克里格尔的说法,这并不是说我们只是想象一个和我们待在一个房间里的人,并规定了她内心生活的各种真相。相反,是我们进入她的内心生活,并在我们的想象中为了我们而积极地把它丰富起来,就像一个人可以重新部署自己的想象力一样,这种能力可以通过让他的右肘感受一次发痒,同时去想象他的左肘感受一次发痒是什么真实的感觉来获得。

积极的想象没有被规定为以感觉意象为基础的想象,这对于克里格尔的计划来说是重要的。查尔默斯明确支持这一点。然而,为了证明佐伊应该享受的整体现象状态不是积极地可想象的,鲍茨只是考虑了那些确实涉及感觉意象的尝试,然后指出它们的不足。有人也许会为查尔默斯关于积极想象的描述加上一个限制,比如要求积极想象以感觉意象为基础。但在当前情境下,这似乎是一个不合法的举动,因为可以认为想象纯粹的认知现象状态——尤其是从内部出发——将不涉及形成它们的感觉意象。

鲍茨最终可能承认佐伊确实是可以积极地想象的,但他否认当一个人积极地想象她时,她是一个具有现象状态的人。回想起克里格尔将佐伊呈现给我们的三个阶段：我们考虑各种部分僵尸，从它们出发合成了一个感觉-痛觉-情感僵尸，然后我们规定这个人把时间都用在数学上。鲍茨可以接受这一切。但接着有一个进一步的主张，即以这种方式想象出来的人具有现象状态。这是关于情境的一个额外主张，它没有直接内置于帮助我们想象情境的三个阶段中。用查尔默斯的术语来说，克里格尔的主张是，他通过三个阶段帮助我们想象的情境可以证实处于该情境中的人具有现象状态的主张。关于想象情境可以用来证实的说法是额外主张的这种观点，鲍茨很可能会否认它。

克里格尔认为佐伊拥有现象状态的主张，依赖于在她尚未突然意识到数学真理和她突然成功意识到数学真理这两种情况之间，是否识别出一个现象对比。然而，存在这样一种对比的说法并不是强制性的。我注意到在我自己的生活中有这种现象对比。但我不是一个感觉-痛觉-情感僵尸。鲍茨可能会继续担忧：从实际案例中现象对比的存在，到假设案例中感觉-痛觉-情感僵尸存在现象对比的推理是不合理的。

然而，克里格尔的推理并非如此。正如上面提到的，他提出了一个论证，即认为与佐伊的突然领悟相联系的对比是现象的。这个论证有两个关键前提。第一，如果一种心理状态关于其与物理状态之间的解释鸿沟，能够给出一个被理性上保证的外部表象，那么这种心理状态就是现象的。[17] 第二，针对与物理状态之间的解释鸿沟，佐伊的突然领悟给出了一个被理性上保证的外部表象："我们很自然地会对这一事件感到深深的疑惑,这一事件怎么可能仅仅是黑暗的颅骨内那么多神经元的振动。"[18] 我怀疑这些考虑是否让我们有*独立的*理由相信，与佐伊的突然领悟相联系的对比是现象的。假设克里格尔的第一个前提是真的。这并不意味着，通过获得理由相信它提供了一个解释鸿沟的表象，我们就能获得独立的理由去相信一种状态是现象的。事实上，情况似乎恰恰相反：如果一种状态提供了一个解释鸿沟的表象，那通常是因为我能指出它的现象特征，并且我自己也很好奇，类似的事情怎么可能只是这么多神经元的振动而已。因此，在克里格尔的推理中存在着一个缺漏——即使给出的解释鸿沟的表象是心理状态成为现象状态的一个充分条件，也不意味着我们可以不依赖于一个在先的现象学考察来确认它的存在。当我们考虑克里格尔本人提出的一个复杂情况时，这种担忧就显得尤为紧迫：存在很多的解释鸿沟，并且其中许多与现象学无关。无论这些有意识的状态具有什么现象特征，我自己也觉得很难理解，它们怎么可能只是大量神经元的振动而已。因此，我们不仅必须有理由认为与佐伊的领悟相关的对比给出了某个解释鸿沟的表象，而且我们还必须有理由相信它就是那种类型的解释鸿沟。在我看来，如果我们有这样的理由，那只是因为我们已经有理由认为与佐伊的突然领悟相关的对比是现象的。

54

至此，尚不清楚如何裁决这一争端。假设一般情况下，如果你开始想象一个命题 F，你就能知道自己是否能够成功地做到这一点。但这并不意味着，在通常情况下，如果你开始想象一个命题 F，你就能说出你所想象的内容是不是另一个命题 G。弄清楚你的想象内容是不是另一个命题 G，比弄清楚你是否成功地想象了命题 F，可能需要更多的资源。我倾向于认为我们正处于这种情况中。根据克里格尔的详细说明，人们可能会相信已经成功地想象了佐伊。但人们可能怀疑，一个人的想象内容是否就是具有现象状态的某个人。假设克里格尔在他的规则中增加这样的条件，即佐伊必须有现象状态。换言之，假定他并没有使用一个现象对比来进行辩护，而是将其作为想象佐伊的一部分纳入计算规则中。然后，人们可能（同鲍茨一起）失去根据新的规则成功地想象佐伊的信心。因为这个规则等同于要求想象一个整体的现象状态，该状态包括认知的现象状态，但不包括任何感觉的现象状态。这恰好是鲍茨否认自己能够做到的事情。

第三节　解释性现象对比论证

我将在本节中阐述的现象对比论证是基于引言中"看见"——或直觉——数学真理的例子。下面是两个案例：

案例 1：你接收到命题"如果 $a<1$，那么 $2-2a>0$"，并且无法"看见"它是真的。尤其是，你没有"看见" $a<1$ 如何导致 $2a<2$，因此 $2-2a>0$。

案例 2：你接收到命题"如果 $a<1$，那么 $2-2a>0$"，并且确实"看见"它是真的。尤其是，你确实"看见" $a<1$ 如何导致 $2a<2$，因此 $2-2a>0$。

以下就是这个现象对比论证：

（1）案例 1 和案例 2 包含不同的现象状态。

（2）区别至少在于：在案例 2 中，而不是在案例 1 中，你处于一种现象状态 P，它使你似乎意识到了一个抽象事态。

（3）完全的感觉状态的结合不可能使人处于状态 P。

（4）一些认知状态——例如发生在案例 2 中的直觉状态——将一个人置于状态 P。

（5）一些认知状态使人置身于一种现象状态，对这种状态来说，没有任何完全的感觉状态满足它的需要——不可还原性是真实的。

这个论证是有效的：（1）到（4）在逻辑上确实暗示了（5）。所以唯一的问题是所有的前提是否都是真的。我将分别来证明它们的正确性。

前提（1）应该是明显的，从他们自己的经验中可以看出来。只是在"看见"和无法"看见"一个简单的数学真理之间，例如"如果 $a<1$，那么 $2-2a>0$"，存在着一些现象上的差异。

前提（2）是对那种现象差异的性质的补充性解释。这就是使得该论证成为一个解释性现象对比论证的原因。无论是纯粹现象对比论证，还是假设现象对比论证，都不依赖于描述对比案例之间的现象差异的前提。解释性现象对比论证却要依赖于这种方式。这种方式增强了论证的力量，但以牺牲辩论中的灵活性为代价。收益是否大于成本，取决于这个补充性解释在多大程度上是可辩护的。

让我们区分为前提（2）中补充性解释辩护的三种方法。

第一，有人可能会争辩说，这一点可以通过内省立即得到证实。尽管上一章回顾了对内省的保留意见，但很明显的是，对现象状态的一些说明可以立即被内省所证实。[19] 假设你头痛得厉害。假设你对此做了如下声明："我的头痛是剧烈而清晰的""我的头痛不是不明显的""我的头痛感觉起来不像是胳膊肘上发痒"。你如何为这些声明辩护呢？在为它们进行辩护时，说它们立即通过内省被证实似乎是完全合理的。这样的理由不需要很强的解释。假设你说："我的头痛在右眼上方感觉最为剧烈，从鼻梁上方开始变得迟钝，而且没有延伸到左眼。"也许这一主张可以立即通过内省得到证明，但若真的如此，相对"你的头痛感觉起来和你肘部的痒不一样"这个断言来说，这个说法可能更缺乏足够的支持。在我看来，关于前提（2）的补充性解释，我至少有一些直接的来自内省的理由。话虽如此，我不想太过强调这一点。

第二，人们可能认为，这个补充性解释最好地说明了它所描述的现象状态与其他现象状态之间的相似性。考虑以下两种情况：

案例 3：你心中有命题即有邮件在你的邮箱里，但没有看见它是真的。尤其是，你没有朝你的邮箱里看并且看见邮件在那儿。

案例 4：你心中有命题即有邮件在你的邮箱里，并确实看见它是真的。尤其是，你确实看过你的邮箱并且看见邮件在那儿。

案例 3 和案例 4 包含不同的现象状态。许多哲学家会同意，至少在某种程度上，这个差异存在于以下情况中，即在案例 4 而不是在案例 3 中，你处于一种现象状态 P*，这使你似乎意识到了（尤其是视觉上觉知）一个具体的事件状态（特别是你的邮件放置在你的邮箱里的状态）。我认为案例 2 中的现象状态 P 和案例 4 中的现象状态 P* 至少在某些方面是相似的。此外，我认为前提（2）中的补充性解释最好地捕捉到了这些方面。值得注意的是，它们的相似性并不在于内容，因为邮件和数是完全不同的。相似性涉及的是它们的结构：两者都使你似乎意识到了一个事态，而这个事态与你所考虑的命题的真实性相关。因为在案例 2 中，这个命题是关于抽象事物的，所以在 P 中你似乎意识到的事态也是一种抽象状态。

有人可能会担心，其他一些补充性解释也许能更好地说明这些相似性。这就给我们带来了支持前提（2）的补充性解释的第三种方法：可以通过建构具体的实例来支持它，以此来论证它与各种自然竞争对手相比更具优势。

让我们考虑其中几个说明，我将把它们分成两类。第一类是由不涉及对真理的明显把握的竞争性解释所组成的。这些例子包括：P 只是存在于一般性紧张的缓解中，P 只是存在于获得它的一般感觉中，P 只是存在于自我满足的情感中，等等。第二类主要包括一些补充性解释，它们取代了经由意识对真理的显而易见的领悟，而用一些其他方式更明显地把握真理。相关例子包括：P 只是提出了这个命题，即"如果 $a<1$，那么 $2–2a>0$"似乎是真实的；以一种令人愉快的眼光来看，P 只是抛出了这个命题"如果 $a<1$，那么 $2–2a>0$"，等等。

第一类的竞争性解释会遭受普遍的担心，因为它们无法解释 P（案例 2 中的现象状态）和 P*（案例 4 中的现象状态）之间的相似性。在这个类别中，个别的补充性解释可以通过考虑一个案例被挑战，而在这个案例中与竞争性解释似乎充分合适的现象状态出现了，并与 P 形成对比。考虑一下一般性紧张的缓解。即使 P 确实包括对一般性紧张的缓解，那也不是它的全部内容。假设你在考虑我们的示例命题时相当紧张。你并没有"看到"它是真的。但你之前吃过的一粒药丸会起作用，并且缓解你的一般性紧张。现在你感觉到一般性紧张的缓解，但仍然没有"看到"这个命题是真的。在这种情况下，你并没有置身于相同的现象状态，即 P 发生时你所处的那种现象状态。考虑一下得到它的一般感觉。即使 P 确实包含了得到它的一般感觉，那也不是它所包含的全部。假设有人给你讲了个笑话，而且刚开始的时候你并不明白。接下来，你明白了。这就给你一个得到它的一般感觉，但是它并没有让你"看到""如果 $a<1$，那么 $2–2a>0$"。在这种情况下，你也并没有置身于相同的现象状态，即 P 发生时你所处的那种现象状态。把这个笑话写成数学笑话也没有帮助。这里有一个例子：

58

三位统计学家一起外出打猎。过了一会儿，他们发现一只孤单的兔子。第一位统计学家瞄准了目标，却打过了头。第二位瞄准了目标，却脱靶未击中目标。第三位喊道："我们击中它了！"[20]

听懂了这个笑话，使你进入了一种现象状态，但是它与 P 发生时你所处的那种现象状态并不是同一种现象状态。有人可能会代表这个竞争性解释回应说，

P 包含了一种更加特殊的获得它的感觉，正是这种感觉将状态 P 与那种和命题"如果 $a<1$，那么 $2-2a>0$"没有关系的状态区分开。例如，也许 P 包含着获得它的感觉，这种感觉直接指向一种内在的语言表达，即"如果 $a<1$，那么 $2-2a>0$"。或许这样的说明更好。但在我看来，P 和 P* 之间的相似性仍然没有澄清。举个例子，试想一下你获得它时的感觉，这种感觉直接指向一个内在的语言表达，即"有邮件在我的邮箱里"。这种感觉并没有捕捉到你看见邮件在你的邮箱里时它真实的样子。

第二类的竞争性解释似乎更具有合理性。如果有某种补充性解释可能比前提（2）中的补充性解释更加适合 P，那么正是这个 P 恰好表明"如果 $a<1$，那么 $2-2a>0$"这个命题似乎为真。可能的情况是，即使我们用前提（3）的解释替换前提（2）的解释，其结论仍将是真的。在这种情况下，经过解释的现象对比仍将保持合理性。然而，我自己对于前提（3）的论证，仍将使用似乎有意识的特殊特征。所以我想强调 P 是特别的，因为它表明人们似乎意识到了抽象事态——就像奥古斯丁在本书开头的引言中描述的第三种视觉。

这样做的动机来自对另一种数学主张的考虑：

每个大于 2 的偶数都是两个质数的和。

这是哥德巴赫猜想，它仍未被证实。然而，动摇那种相信的感觉是困难的。如果你仔细检查了一堆例子，你试着计算 $4=2+2$，$6=3+3$，$8=3+5$，$10=5+5$，$12=5+7$，等等，情况更是如此。过了一段时间，这个命题似乎就是真的。即便如此，我还是坚持认为：你从未有过意识到那个抽象事态的感觉，而正是它使命题为真。无论似乎为真的真实感有多么强烈，它都不是建立在对事态的任何明显的觉知之上的，即如何把偶数的结构与质数的结构彼此联系起来，从而使命题为真。可以对照命题"如果 $a<1$，那么 $2-2a>0$"来说明。在这里，你确实获得了一种感觉，即感觉到你意识到了命题为真的根据。相关的结构似乎在脑海中以一种不同于哥德巴赫猜想的方式呈现。

根据这个补充性解释，状态 P 恰好意味着命题"如果 $a<1$，那么 $2-2a>0$"似乎是真的，但这个说明也无法解释案例 2 中的 P（当你有直觉的时候），与案例 4 中的 P* 之间的相似性（当你看见这个邮件的时候）。假设在考虑有邮件在邮箱里这一命题时，你逐渐会有一种预感即这是真的。假设这种预感非常强烈。这更像是哥德巴赫猜想的例子。但它和"看见""如果 $a<1$，那么 $2-2a>0$"这个命题的情况不一样。在那种情况下，你不会有和强烈的预感一样的体验。你的体验更多地像是看见邮件在邮箱里。然而，关于这个问题的最后一点说明是，我这里的主张在形而上学上是不作承诺的——我所说的仅仅是，可能不存

59

在任何数学上的事态。我的主张涉及的是你的体验在感觉上是什么样的，而不是关于它的真实性（veridicality）。就连数学上的唯名论者也倾向于承认柏拉图主义赢得了表象。

前提（3）依赖于完全感觉状态的性质。完全的感觉状态包括有意识的状态或类似于有意识的状态，后一种状态直接指向一个人的时空附近。然而，如果我对现象状态 P 的补充性解释是正确的，那么它就意味着似乎意识到了一种抽象的事件状态——这是一种非时空性的状态。人们可以强硬地提出一种高层次感知的大胆观点，即认为完全感觉状态都具有关于抽象事态的表征性内容。我认为这种观点是难以置信的，但我可以为了讨论的缘由而承认它。我所否认的是，完全感觉状态可以使人或者看起来使人意识到抽象事态。仅仅表示一个事态是一回事，似乎处在与事态相关的意识中是超越它的另一回事：在看起来有意识的情况下，这个事件状态被感觉到在一个人的脑海中存在，并且是一个指示性思想的可能选项。我这里所拒绝接受的是，一个完全的感觉状态能够给你带来关于抽象事态的感觉。

前提（4）是由现象对比的案例和认知状态的本性所推动的。现象对比的案例表明，一些状态或其他事物确实能使一个人置身于现象状态 P。而且，根据认知状态的本性，没有什么可以排除一个认知状态使人置身于 P 的可能性。这两个观察结果一起消除了接受从第一印象看来就合理的那种主张的任何障碍，即一个人直觉到"如果 $a<1$，那么 $2-2a>0$"的认知状态会使人处于状态 P。

所以，这些就是我接受论证前提的理由。如果它们是真的，那么结论也是真的，即不可还原性也是真的。

注　　释

1 Koksvik（2011）还区分了现象对比的指示性和论证性用法。

2 Strawson（1994：5-6）。

3 例如，见 Carruthers 和 Veillet（2011）、Levine（2011）、Prinz（2011）以及 Tye 和 Wright（2011）。

4 引自 Burton（2008：5）。

5 例如，见 Pitt（2004）、Horgan 和 Tienson（2002）、Siewert（1998，2011）。

6 相关讨论见 Siegel（2006c，2010）、Hawley 和 Macpherson（2011）的论文集。

7 例如，见 O'Callaghan（2011）。奥卡拉汉给出了理由，质疑理解是对语义属性的高层次感知的观点。但他也提出了理由，认为有完全的感觉状态可以解释雅克和杰克之间的现象对比。因此，他的观点对现象对比论证的影响是多方面的。

8 该示例来自 Siewert（1998：276-277）。

9 见 Kriegel（2015）。

10 见 Horgan（2011，60）。

11 见 Kriegel（2015）。

12 见 Kriegel（2015）。

13 见 Kriegel（2015）。

14 Pautz（2013：219）。

15 Chalmers（2002a：149-150）；另见 Yablo（1993）。

16 见 Kriegel（2015）。

17 Kriegel（2015）第 3 节详细阐述并捍卫了这个前提。尽管我的表述与克里格尔的不完全一致，但基本思想是相同的，细节上的差异在这里并不重要。

18 见 Kriegel（2015）。

19 Siewert（2012）对这一现象进行了富有启发性的讨论。

20 摘自沃尔特·希基（Walter Hickey）的文章，"每个数学迷都会发笑的 61 13 个笑话"，《商业内幕》，2013 年 5 月 21 日，http://www.businessinsider.com/13-math-jokes-that-every-mathematician-finds-absolutely-hilarious-2013-5.

拓 展 阅 读

Siegel（2010）讨论了现象对比的方法。Siewert（1998，2011）、Horgan 和 Tienson（2002）、Pitt（2004）以及 Kriegel（2015）为它在认知现象学中的应用进行了辩护。Carruthers 和 Veillet（2011）、Levine（2011）、Prinz（2011）以及 Tye 和 Wright（2011）对这些应用提出了批评。

第三章 价 值

根据密尔（Mill）的观点，"快乐和免于痛苦的自由是唯一值得追求的最终目标"。然而，这并不意味着好的生活就是一种堕落的生活，适合猪一样的存在。这至少部分是因为，还存在着"智力、情感和想象力以及道德情操的快乐"，它们比"纯粹的感觉"拥有"更高的快乐价值"。这些都是密尔价值论中人们熟悉的内容。[1]

那些有兴趣为不可还原的认知现象学进行辩护的人，可能会在这里找到一些鼓舞。假设一次体验所提供的快乐取决于它的现象学，而且，假设密尔是对的，"纯粹的感觉"确实无法提供和"智力"一样的快乐，那么，似乎一定存在着与智力体验相关的现象学，这种现象学不同于那种与感觉体验相关的现象学：其中，智力体验为它们提供的"更高级"的快乐奠定了基础，而感官体验则为它们提供的"较低级"的快乐奠定了基础。

这个论证的当前形式是不能令人满意的。但它有助于说明我在本章中所关注的论证。一般来说，这类论证从对价值的反思开始，并最终得出结论，即存在不可还原的认知现象学——也就是说，不可还原性是真的。我的目标是探讨这种论证的前景。这次探讨的结果喜忧参半。有些论证是失败的，有些论证虽然是成功的，但却以辩证的无效性为代价。然而，至少有一个论证，我相信它既是可靠的，又是合乎辩证法的。在我看来，失败和成功一样具有启发性：这个项目的兴趣不只在于证明存在一种不可还原的认知现象学，而在于阐明在价值、现象学和有意识思想之间的一些联系。

计划是这样的。在第一节（"现象价值"）中，我将讨论现象学与价值之间的关系。在第二节（"来自趣味性的论证"）中，我考虑了斯特劳森从趣味性出发的论证，并把它看成是一个从价值反思角度对不可还原的认知现象学展开论证的例子。我认为斯特劳森的论证存在一个漏洞，并提出了一种弥补这个漏洞的方法。我的策略是专注于米莉安（Millian）的观点，即认为一些认知状态在价值上与所有的感觉状态都不同。在第三节（"价值差异"）中，我阐释了我如何理解这一主张。在第四节（"支持价值前提的差异"）中，我提出并评估了支持该观点的两种方式。

第一节　现　象　价　值

假设你看到一只狮子朝你跑过来。这是一种心理状态。它是有价值的，因为它提醒你要注意当前的危险。这是一个具有工具价值的心理状态的例子。一种心理状态的工具价值是指它因为服务于某种目的而具有的价值。

假设你见证了某个伟大的历史事件——例如一场重要的演讲、一项破纪录的成就，或者一次渐进性的胜利。这是一种心理状态。它可能有一定的工具价值，因为现在你有一个可以告诉朋友的故事。但是，是什么使这个故事值得讲述呢？很可能是因为，见证一个伟大的历史事件本身就具有价值。这种价值有时被称为内在价值或最终价值。一种心理状态的最终价值是因为它本身的缘故而具有的价值。

看到一只狮子朝你跑过来和见证一个伟大的历史事件，都是现象上有意识的心理状态。除了已指出的价值之外，有没有理由认为，它们还因其现象特征而拥有某种价值？这种价值，我们可以称为它们的现象价值。提出现象价值议题的另一种方法是考虑现象状态的最终价值。在某个场合准确识别一只狮子，会让你处于某种现象状态。目睹一个特别重大的历史事件也使你处于某种现象状态。有没有理由认为，这些现象状态本身就有最终价值呢？一种心理状态要具有现象价值，其条件仅仅是，它使你置身于一种具有最终价值的现象状态中。这只是解决同一个问题的两种方法，但两种方法都有用。

西沃特在《意识的意义》中探讨了现象价值的问题。根据西沃特的观点，"只要我们能够看到，我们并没有仅仅因为某人或某物的非现象特征而重视这一点，那么我们就会发现，我们重视对现象特征的拥有是出于它本身的缘故"[2]。以看到一只狮子向你跑来为例。当你看到一只狮子朝你的方向奔跑，你就有了一些有价值的"非现象特征"。例如，你被提醒要警惕眼前的危险。显然，你也有了一些有价值的"现象特征"，即处于一些有价值的现象状态中。比如在这个视觉体验中，我猜想会有一些令人印象深刻的东西。现在你问自己，如果与看到一只狮子有关的视觉现象状态是有价值的，那么这种价值是否仅仅是因为它与多种非现象状态有关？比如被提醒注意当前的危险。很显然，答案是否定的。与非现象状态的联系是很重要的，但它并不是视觉现象状态实现其价值的唯一基础。如果是这样，那么视觉现象状态就有其最终价值。换句话说，看到一只狮子朝你跑过来是一种心理状态，这种心理状态除了有其他各种价值外，还具有现象价值。

西沃特也考虑了认知状态。他给出了一个例子，这个例子与我们将在下面详细探讨的例子很接近：

假设你喜欢思考数学。如果你没有经过有意识的思考，但总是获得同样有价值的结果，和你从有意识的数学思考中得到的一样，你会不会觉得这种情况也很合适（甚至更好）呢？如果在完全缺失有意识思想的情况下，你却总是有能力为某个问题提供证明或解决方案，然后将它写出来并真正表达这些结论，你是否觉得这也无所谓？我想没有一个喜欢数学的人会完全满足于在某种类似于僵尸的状态下进行数学活动。[3]

西沃特的评估似乎是合理的。有人可能想知道：这是否为支持不可还原性提供了依据？西沃特没有给出肯定的回答。他关于不可还原的认知现象学的论点早在《意识的意义》一书中就有论述。然而，人们可能会想知道，他对有意识思想的价值的考察，是否可以成为认知现象学的另一个论据？

65　　我认为这是不可能的。假设"僵尸的数学认知"不如"有意识的数学认知"有价值，那么有意识的数学认知就具有一定的现象价值。然而，现象价值也可能存在于与数学认知相关的感觉现象状态——例如可视化、用言语表达等——的最终价值中。从观察到有意识的数学认知有一定的现象价值这一点来看，没有任何东西可以排除这种可能性。处于一种既具有现象价值又具有认知特征的心理状态中，这是一回事；通过某种仅属于认知的独特方式，处于一种具有现象价值的心理状态中是另一回事。

第二节　来自趣味性的论证

斯特劳森在 2011 年的一篇论文《认知现象学：现实生活》中提出了一个论证，他称之为"来自趣味性的论证"：

前提 1：如果认知体验不存在，那么生活体验将是非常无聊的。
前提 2：生活体验是错综复杂、有趣和多样的。
结论：认知体验是存在的。[4]

斯特劳森同意，在我们的生活中，可能存在着由各种事件引起的"趣味性感受"。但如果没有"认知体验"，这个"趣味性感受"不足以解释支持前提 2 的多种现象。他对原因的解释很有启发性。这就是：

因为我们从未有意识地领悟或考虑任何事物的含义。相反，我们（a）以无意识和次体验的方式记录了一些概念性内容。这种方式从非认知体验的观点看，并就现象学事件而言，并没有不同于机器被认为的记录概念性内容的方式。这随后在我们身上引起了（b）某种类型的感觉/情感体验，即一定程度上的趣味性感受，也可以说，这种体验不涉及对已记录内容的具体内容的体验。[5]

　　然而，要注意的是，斯特劳森把对"认知体验"的否定理解为对现象上有意识的认知状态的否定——比如有意识地理解某些话语的状态，即意味着对我所说的"现象在场"的命题的否定。所以，他并没有像我使用"不可还原的认知现象学"那样使用"认知体验"这个说法。这些都是技术术语，其使用是可以加以规定的。但我认为，把辩论的重点放在不可还原的认知现象学（即不可还原性）上——而不是现象上有意识的认知状态（即现象在场）上——是更可取的。斯特劳森也会认同的一个理由是，否认现象在场是令人难以置信的。[6]尽管我相信那些否认不可还原的认知现象学的哲学家是错误的，但我并不认为他们会认同这种难以置信的观点，即否认现象上有意识的认知状态的存在。有一种更好的方法来解释他们所否认的东西：不可还原性。[7]

　　斯特劳森从趣味性出发的论证能支持不可还原性吗？目前还不清楚。假设现象上有意识的认知状态足以使生活变得错综复杂、有趣和多样，但是它们的现象特征却是现象上有意识的完全感觉状态所具有的——也就是说，让人置身其中的现象状态就是现象上有意识的完全感觉状态使人所处的状态。那么答案就是：斯特劳森的论证并不支持不可还原性。

　　要缩小斯特劳森提出的各种考虑与不可还原性之间的差距，一种方法就是重点关注引起兴趣的不同方式，或者更广泛地说，关注在具有价值的方式上的差异。假定认知状态通过多种方式而具有价值，且这些方式既要以其现象特征为根据，又不能被各种感觉状态所复制。那么，我们就有理由相信不可还原性，即必须存在认知现象状态来支持这些独特的认知现象价值。

　　我们可以将这个论证更明确地表述如下：

　　（1）某些有意识的认知状态具有任何一个完全感觉状态所缺乏的现象价值。

　　（2）无论两种现象上有意识的状态之间存在着什么样的现象价值的差异，这种差异都要以它们使人所处的现象状态的差异为基础。

　　（3）因此，一些认知状态使人置身于现象状态，却没有任何完全感觉状态足以满足这些现象状态的要求——不可还原性是真的。

　　从"现象价值"的意义来看，前提（2）是成立的。结论（3）可以从前提（1）和前提（2）中清楚明白地得出来。前提（1）做的是全部论证中的实质性

67 工作，让我们称之为价值前提的差异。下一节讨论的是它的含义。再下一节将探讨支持它的方法。

第三节　价　值　差　异

本节的目的是阐明，我将如何理解关于价值差异的主张，如关于价值前提的差异。

我不需要假设任何特定的价值理论。某物是有价值的，当且仅当它具有一些特性，人们因此会采取积极的评价态度或立场——例如渴望、尊重、欣赏、热爱、关心、选择、享受、促进、保护等，从而恰当地对待它。根据适当态度价值理论，这个模式可以被用来解释价值的本质。[8] 但我只是用它来帮助我找到合适的相关概念。也许价值是最基本的概念，而且将一种态度或立场视为积极的评价态度或立场的原因是，只有当这个事物实现了某种价值——例如快乐、知识、成就、美、美德、友谊、正义、自由、平等等，将这种态度和立场赋予某个事物才是适当的。我相信我可以在这个问题上，以及在有关价值本质的其他大多数有争议的问题上保持中立。我假设有关价值的主张是有真假之分的（或以其他某种方式有正确或不正确的），并且通过反思可以让我们知道哪种情况是真的。为了在论证中提出关于价值的主张，我们必须做出这些最基本的假设。

关于价值差异的主张至少可以用三种不同的方式来理解。考虑以下几点：

（A）向慈善机构捐赠 10 美元胜于向慈善机构捐赠 5 美元。

（B）法律职业的价值与音乐职业的价值无法进行比较。

（C）从不同的方面看，发展友谊和追求学业都是有价值的。

所有这些都是关于价值差异的主张，但它们所指的含义不同。主张（A）是一种比较性的价值判断。主张（B）声称，如（A）所做的那样，做出真正的比较价值判断是不可能的。[9] 而主张（C）则认为价值是多元的。关于主张（C）的两个澄清依次如下。第一，主张（C）并不意味着要求如（B）所述的主张。

68 也许发展友谊优于追求学业，也许相反的是正确的，或者更可能的是，一些更加微妙的、经过比较的价值判断才是正确的。[10] 第二，主张（C）不需要排除关于终极价值的一元论。也许像享乐主义者认为的那样，快乐是终极价值，而发展友谊和追求学业之所以有价值也是因为它们能带来快乐，只是它们提供快乐的方式不同。[11]

我将把价值前提的差异解释为像（C）一样的主张——关于价值的多元论主张。也许某些认知状态在价值上比任何感觉状态都更大。也许这两种状态是无法比较的。这两种主张都与价值前提中的差异相兼容，但两者都没有被它所包含。

第四节 支持价值前提的差异

价值前提的差异告诉我们，一些认知状态具有某种现象价值，而这种价值却是每一种完全感觉状态都缺乏的。让我们考虑一种特定的认知状态。如果这种特定的认知状态具有所有完全感觉状态都缺乏的现象价值，那么一般而言，价值前提差异命题就是真的。

我会用一个简单的数学例子来说明。看下面的图，并思考命题 $(a+b)^2 \geq 4ab$。

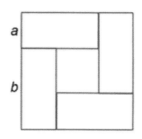

这项练习可能会让你处于多种心理状态。首先，有一种感觉状态，即看到图时的状态。其次，有一种认知状态，即直觉感知命题"$(a+b)^2 \geq 4ab$"为真时的状态。然而，我想重点关注另一种可能出现的心理状态。比如，在用这张图展示代数真理的方式中，存在一种非常迷人或者令人愉悦的东西。这是一种人们可能会欣赏的东西。并且，欣赏它就是处于某种心理状态中。我将把通过反思图来支持代数真理的推理模式称为"证明"。这个证明是一件迷人的或令人愉快的事情。我将欣赏它的状态称为"欣赏证明魅力的状态"，有时也简称为"欣赏证明的状态"。我认为这是一个和其他所有认知状态几乎一样好的候选者，它具有每种完全感觉状态都缺乏的现象价值。[12]

我会考虑两种方式来支持这个主张，即欣赏证明魅力的状态具有每一种完全感觉状态所缺乏的现象价值。第一种方式在我看来是合理的，但在辩证法上是脆弱的。第二种方式在我看来，既是合理的，又在辩证法的使用上令人满意。

1. 理性的遗憾

亚里士多德在《尼各马可伦理学》中要求我们："设想一下，譬如一个暴君要求你做一些可耻的事情，此时他已控制了你的父母和孩子，如果你做了，他们就会活下去，但如果你不做，他们就会死。" [13] 关于这个例子，迈克尔·斯托克尔（Michael Stocker）写道：

在亚里士多德的例子中，如果这个人拯救了他的家庭，他就放弃了他的荣誉，如果他保住了他的荣誉，他就放弃了他的家庭。而且，即使他清楚地看到他必须拯救他的家庭，因此他必须放弃他的荣誉，他也会为失去荣誉而感到遗憾。即使失去荣誉是完全正当的，可能是应尽的责任，这也是令人遗憾的。当然，失去家人也是令人遗憾的，即使是正当的或必须的。

在这些冲突中，对于每一个互相矛盾的行为，都有一个强有力的、评价性的理由来选择其中一个，而不是选择另一个。这不仅仅是说，每一个不相容的行为都有其价值。毕竟，选择每种口味的冰淇淋都是有价值的。但这并不意味着人们有任何理由选择一个较差的或价值相等的，而不是其他更好的冰淇淋。这里的重点是一元论的选择，而不是关于琐碎选项的简单选择。如果通过执行不可共存行为中的任何一个都能获得同样的价值，那么似乎就没有任何评价理由去选择一种行为而不是另一种行为，除非它比另一种行为更好…… [14]

这种观点认为，荣誉的价值和家庭的价值是不同的，因为在拥有其中一个的过程中，你就无法弥补因放弃另一个而失去的价值。这一点可以通过遗憾的理性来证明。假设你选择拯救你的家庭，即使这是你最好的选择，对你来说认为失去荣誉是遗憾的也是合理的。但是，如果你没有失去任何价值，遗憾就不合理了。因此，遗憾的前提是必须有一些价值是你失去的，而这些价值并不是由你的家人提供的，无论你的家人本身多么有价值。

我们可以想象一个与我们目前的关注点相关的类似情况。假设一个暴君/疯狂的科学家告诉你，他正在接管你的大脑，但你现在可以选择你处在哪一个现象上有意识的状态过程。或者，你可以拥有一个过程，这个过程包括欣赏证明的魅力的状态，或者你可以只经历完全感觉状态的过程。这种状态过程可能包括在展示证据时，你对文字和图片感到愉悦的状态。但是，这与欣赏证明的魅力是不同的过程。证明是一种抽象的推理模式。即使这些文字和图片本身都很迷人，欣赏它们的魅力并不等于欣赏证明的魅力。假设你实际上选择了只有完全感觉状态的选项。这可能是你最好的选择，因为感觉状态可能相当美妙。尽管如此，看起来你仍然可以理性地遗憾错过了欣赏证明魅力的状态。就像亚里士多德的例子一样，必须有一种被错失的价值，一种在你将拥有的感觉状态中无法弥补的价值，这种价值使遗憾变得理性。

我们可以这样表述这个论证过程：

（1）对于选择完全感觉状态过程使人置于其中的现象状态，而不是选择欣赏证明魅力带来的现象状态感到遗憾是理性的。

（2）如果对于选择完全感觉状态过程使人置于其中的现象状态，而不是选择欣赏证明魅力带来的现象状态感到遗憾是理性的，那么这是因为欣赏证明魅力的状态具有完全感觉状态所缺失的现象价值。

（3）因此，欣赏证明魅力的状态具有完全感觉状态所缺失的现象价值。

这个论证是有效的。我认为它的前提是真实的。但是，这个论证在辩证法上并不强有力。

值得指出的是，如果一个人认为自己有理由否认"不可还原性"，这是我们最终要支持的结论，那么他应该认为自己有理由质疑前提（1），我称之为理性遗憾前提。一个认为存在不可还原认知现象学的人可能在想象的情境中感到遗憾，这一点应该承认。但是，我们应该否认这是一种*理性*的遗憾，因为它必须建立在真诚地放弃现象价值的基础上。这种感情可能是非理性的。并且，这个论证本身没有任何一点表明它不是非理性的。

并非所有好的论证在辩论中都是有用的。有时一个论证之所以好，可能是因为它使一个人的不同信念的相互联系更加清晰，或者增加了对某种信仰的正当性的理解水平，即使并不是从每个合理的起点都能找到这一增长的论证途径。因此，即使它是基于对理性遗憾的考虑，这些考虑也只对那些已经相信不可还原的认知现象学的人才有用，从价值前提的差异到不可还原性的论证仍然有一定的意义。尽管如此，由于文献中存在有关不可还原认知现象学的争论需要解决，因此其他可能更为符合辩证法要求的论证形式的前景就值得探讨。

71

2. 评价中的差异

伊丽莎白·安德森（Elizabeth Anderson）将她对价值的解释总结如下：

我把"X 是好的"粗略地简化为"认为 X 有价值是合理的"，这里所谓的认为某物有价值，就是对它采取一种令人愉快的同时容易受理性思考影响的态度。[15]

这个解释是一种适当的态度价值理论。然而，正如本章第三节（边码 67）所指出的，即使安德森支持的这种模式不构成一个还原，它仍有可能是真实的。进一步说，它只需要对其后果而言是真实的，它本身也就是真实的。这是安德森从这种模式中得出的结论之一，也正是我在这里感兴趣的：

我的理论认为，有许多种内在价值，因为我们从许多方面来评价人的本质都是有意义的，例如通过爱、尊重、荣誉、敬畏和钦佩等。其中一些态度因程度而异，因此，在表达这些态度时，根据程度适当地表达是有意义的。例如，如果一位评论家认为某位音乐家比另一位更值得钦佩，那么她可能会更高调地或更热情地赞美更值得钦佩的那个人。因此，一些种类的内在价值确实有程度上的差异。

但是，把不同的内在价值的例子加在一起是没有意义的。你如何能把音乐家的可钦佩性和小狗的可爱性加在一起？任何理性的评价或行动都不会把这样一种想象上的总和作为它的目标。[16]

在关于可加性（暂且搁置这个问题）这一观点背后，还有一个关于多元性的观点，这是我关注的重点。一位音乐家的价值与一只小狗的价值相差甚远。一个反映这一点的考虑是，珍视音乐家涉及钦佩音乐家，而珍视小狗则不涉及钦佩它，而是涉及发现小狗的可爱之处。

这揭示了一个普遍的观点：如果有一种对 X 进行价值评价的方法，但这种方法不能对 Y 进行价值评价，那么 X 就拥有一种 Y 所缺失的价值。这里的想法是，考虑到价值和价值评价的协调性，具有相同价值的事物也应该是有相同价值评价形式的对象，所以如果适合它们的价值评价形式是不同的，那么这就是它们具有不同价值的证据。

人们也许会有以下担忧。[17]尽管在工作日评价冰淇淋的价值与在周末评价冰淇淋的价值有所不同，但冰淇淋的价值保持不变。有两种方式可以抵制这种潜在的反例。首先，一个人可能会同意存在不同的衡量冰淇淋价值的方式，但是他坚持认为，在工作日和周末，冰淇淋实现的价值是不同的。在工作日吃冰淇淋可以缓解压力，在周末吃冰淇淋可以增加享受。其次，有人可能会反对存在两种不同的评价冰淇淋价值的方式的观点。实际上只有一种评价方式在起作用，它只是发生在一周中的不同时间罢了。这第二个回答依赖于对价值评价方式的简单区分，而不是对每种评价方式的详细描述。然而，这种观点在我看来是有说服力的，因为我们的感受告诉我们，冰淇淋在一周的不同时间并不需要以不同的价值评价方式来进行评价。

价值与价值评价之间的协调性引出了另一种观点，即欣赏证明魅力的状态具有每种完全感觉状态所缺失的一种价值：

（1）有一种用来评价欣赏证明魅力的状态使人所处现象状态的方法，并不是用来评价任何完全感觉状态让人所处现象状态的方法。

（2）如果有一种对 X 进行价值评价的方法，却不是评价 Y 的方法，那么 X 就有一个 Y 所缺失的价值。

（3）因此，欣赏证明魅力的状态具有完全感觉状态所缺失的现象价值。

这个论证再次成立。我认为它的前提是真的。在这种情况下，我也认为这个论证在辩证法上是有效的。

特别是，在我看来，前提（1）可以被称作"评价前提差异"，它可以用一种比支持理性遗憾前提更有效的辩证方式获得支持。下面给出两种初步的观点。73

第一，我并没有断言，不存在任何评价以欣赏证明为基础的现象状态的方法，也不存在评价以完全感觉状态为基础的现象状态的方法。也许会有。如果你评价一些现象状态有价值，那么似乎可信的是，你会寻求让自己置身于这种现象上有意识的状态，并且会向其他人推荐这样的状态。这种评价方式并不能识别不同现象状态所实现的不同价值。我们可以把它叫作通过推广（promoting）实现评价。但我们不只是推广我们认为有价值的事情。有时我们也会品味它们。如果我们想在不同现象状态所实现的价值中找到一种差异，那么我们应该考虑的是，如何通过品味来评价它们而不是通过推广。

第二，尽管品味现象状态呈现给人的对象和品味现象状态本身之间有区别，但两者是密切相关的。根据一些哲学家的说法，现象状态总体上是"透明的"。泰伊以一种与我们目前关注的问题有关的方式解释了这个命题。

这里有一种说明关于知觉的透明度命题的方法。假设你站在艺术画廊的一块挂毯前。当你欣赏挂毯上丰富多彩的颜色时，你被告知要密切关注你的视觉体验及其现象学。你会怎么做呢？那些接受透明度命题的人说，你会密切关注挂毯和其中的细节。你意识到有些东西在你之外——挂毯——以及你体验到的挂毯的各个部分所具有的各种属性和特征。通过意识到这些事物，你就知道了你在主观或现象上的体验是怎样的。[18]

我们不需要坚持这种观点，即人们不可能与自己的现象状态保持一种觉知的关系。但是，泰伊指出的是正确的，即在他所描述的那种情况下，当我们试图欣赏我们的现象状态时，我们所做的是专注于它们如何让我们意识到对象，或者至少似乎让我们意识到对象在其中的呈现方式。[19]这与品味有如下关系：总的来说，品味一个现象状态包括品味它如何使你意识到对象，或者似乎使你意识到对象以及对象在其中呈现。这适用于展示挂毯、葡萄酒和证明的现象状态。

有了以上两种初步的观点，我们可以做如下推理。一种对基于欣赏证明魅74力的现象状态进行评价的方法，就是品味如何使你意识到，或者似乎使你意识到证明以及证明在它们中的呈现。比如，数学对象的证明就是如此。因此，如果一种现象状态可以用和证明数学对象相同的方式来评价，那么它必须让你意识到，或者似乎让你意识到一个数学对象。但是，没有任何完全的感觉状态使人意识到，或者似乎使人意识到数学对象。因此，存在一种评价基于欣赏证明状态的现象状态的方式，这种方式不同于评价基于任何完全感觉状态的现象状态的方式。而这正是我们旨在支持的评价前提差异命题。

在我看来，上述推理思路不仅是合理的，而且在辩证法上比人们寻求的支持理性遗憾前提的推理更有力。请注意，即使一个人认为自己有理由否认不可还原性，但他仍然可以在支持评价前提差异的推理路线中接受这个前提。当然，如果一个人认为自己有理由否认不可还原性，那么他可以使用*否定后件式*（*modus tollens*）推理来反对我的*肯定前件式*（*modus ponens*）推理。但那永远是一个选择。我的观点是，在我所提供的支持评价差异前提的推理中，没有任何明显的内容构成针对不可还原性的反对者的循环论证。它可能不是辩证地坚不可摧的。但它在辩证法上是令人满意的。

在我提供的推理中，有三种观点人们可能会有异议。

第一，人们可能会质疑存在这样的现象状态，它使一个人意识到或至少似乎使人意识到这个证明。对此质疑的一个回答是，在前一章中我已给出了独立的理由，认为一些现象状态至少似乎使人意识到了数学的事件状态。目前还不清楚，为什么似乎意识到数学证明，应该被认为比似乎意识到数学的事件状态更值得怀疑。在这里，我再次强调"似乎"，以避开对唯名论的担忧。

此外，还有另一种针对本案例的具体答复。现在考虑的反对意见与广泛持有的关于审美本质的普遍信念是相互矛盾的。在有关美学的文献中，哲学家们讨论了"熟悉原则"，即"主张审美知识必须通过对认识对象的第一手经验来获得，而不能在人与人之间传递"。[20] 这个关于传递的观点是有争议的。无争议的是审美经验——比如欣赏某事物魅力的状态，是相关熟悉或第一手经验的例子。由于熟悉或第一手经验是或至少包括了觉知，所以欣赏一个对象的魅力的状态——包括该对象作为一个证明的情况，就需要觉知或者至少似乎觉知到那个对象。

有人可能会引用现象上有意识的状态和现象状态之间的区别，认为"熟悉原则"只适用于现象上有意识的审美欣赏状态，而不适用于这些状态使人置身其中的现象状态。但这种观点导致的结果是，这些现象状态本身不能等同于审美欣赏，或者甚至不具有与审美欣赏相同的结构，这是一个很大的难题。它意味着一种状态不可能既是一种审美欣赏状态，同时又在现象上被个体化，即使面对一个只是表面上看来存在的事物。很难理解这种观点有什么独立的动机。

第二，作为又一条反驳思路，人们可能会否认，呈现证明的现象状态能够和呈现挂毯的现象状态以同样的方式被品味。这种观点看起来是临时构建的。

如果泰伊的考虑是有说服力的，并且按照我所建议的谨慎方式进行解释时，它们看起来确实很有说服力，那么坚持说它们不能适用于所有形式的关于现象状态的品味就是完全没有理由的，至少在那些现象状态完全可以呈现对象的条件下是这样。也许有原始的感觉，也许它们是个例外。但是，在欣赏证明魅力的状态中所涉及的现象状态并没有被合理地同化到原始的感觉中。

第三，人们可能会反对我的假设，即完全感觉状态不能使人意识到，甚至也不能使人似乎意识到一个数学对象。这让我们回到高层次内容的问题上来。一些哲学家认为感觉状态具有高层次的内容，这一事实可能会鼓励不可还原性的反对者追求目前的异议路线。然而，我假设完全感觉状态不能使人意识到，甚至也不能使人似乎意识到一个数学对象，这个假设与关于感觉状态内容的开放观点是相容的。假设某些感觉状态具有高层次内容，比如有些单词和图片包含一定的含义，或者提供了一个证据，甚至可能展示了一个迷人的证明，等等。即使存在包含有这种内容的感觉状态，也不意味着这些状态能够使人意识到，甚至使人似乎意识到一个数学对象。这是因为一种状态的内容与它让人意识到，或者让人似乎意识到的对象是不同的。即使这个内容表征数学对象和属性，也不意味着此状态使人意识到或者使人似乎意识到数学对象。考虑一个常见的例子。当你看到某人的微笑而认为他很幸福时，也许你的视觉状态表征了幸福，但这并不意味着你处于或者似乎处于与幸福相关的视觉觉知中。你处于与微笑相关的视觉觉知中，通过这样做，我们假设你是处于一种视觉状态中，而这种视觉状态表征了幸福。同样，即使你发现一些单词和图片描述了一个证明，也不意味着你处于或者似乎处于与这个证明有关的视觉觉知中。你处于与文字和图片有关的看见的联系中，通过这样做，我们假设你是处于一种视觉状态中，而这种视觉状态表征了证明展开过程的特性。因此，关于高层次内容的观点并不支持这里出现的反驳路线。目前还不清楚是否还有对这一思路的其他支持。

第五节　结　语

我的结论是，存在支持评价前提差异的证据。一旦这个前提成立，我们就可以把前面所有的观点放在一起，形成对不可还原性的论证：

（1）有一种用来评价欣赏证明魅力的状态使人所处现象状态的方法，并不是用来评价任何完全感觉状态让人所处现象状态的方法。［评价前提差异］

（2）如果有一种对 X 进行价值评价的方法，却不是评价 Y 的方法，那么 X 就有一个 Y 所缺失的价值。

（3）因此，欣赏证明魅力的状态具有完全感觉状态所缺失的现象价值。

（4）一些有意识的认知状态具有任何一种完全感觉状态所缺失的现象价值。［价值前提差异］

（5）在两种现象上有意识的状态之间，无论在现象价值上存在多少差异，这种差异都是基于它们使人所处的现象状态的不同。

（6）因此，一些认知状态使人置身于一些现象状态，就这些现象状态而言，没有任何完全感觉状态能够满足它的条件。［不可还原性］

在我看来，从对价值的反思到得出结论，即存在不可还原的认知现象学的结论，这是一条辩证法上令人满意的论证路线。

77
注　释

1 相关的讨论，以及我从中引用的短语，出现在《功利主义》的第 2 章，在 Mill（1987）的第 278-279 页。

2 Siewert（1998：314）。

3 Siewert（1998：324）。

4 Strawson（2011：299）。

5 Strawson（2011：300）。

6 Strawson（2011：289-291）。

7 Smithies（2013b）清楚地指出了这一点，并且 Carruthers 和 Veillet（2011）、Levine（2011）、Prinz（2011）、Tye（2003）以及 Tye 和 Wright（2011）都明确区分了像现象在场和不可还原性这样的主张，并支持前者而否认后者。

8 一项有用的调查见 Jacobson（2011）。

9 见 Raz（1986）。关于不可比性的说法是否属实的问题是有争议的，对此我将保持中立。关于进一步的讨论，见 Chang（1997）。

10 例如：出色的友谊比名义上的教育好，出色的教育比名义上的友谊好。见 Chang（1997：14-16）。

11 可以合理推断这是密尔的观点，见 Mason（2011）。

12 数学家们广泛报告了对某些数学对象（如定义、定理、证明）的某种审美属性（如魅力、美、优雅）进行欣赏的状态。Hardy（1992）提供了一个经典的范例。相关的讨论从第 10 节进行到第 18 节。Sinclair 等（2006）中包含了许多这样的报告，并引用了文献中其他的报告。要说服自己相信这种状态的存在，最好的方法就是亲自体验其中之一。我希望文中提到的例子能起作用。为了达到同样的目的，哈迪提供了一些带有评论的简单证明。Strawson（2011）在详细阐述他关于趣味性的论证时，也对这类体验进行了关注。

13 见第3卷第1章（引自 Stocker，1997：199-200）。

14 Stocker（1997：199-200）。

15 Anderson（1997：95）。

16 Anderson（1997：97）。

17 Kriegel 的建议。

18 Tye（2009：117）。

19 我在这里增加了"或者至少似乎让我们意识到"的表述，以应对这样 78 一种情况，即一个人可能通过专注于幻觉中呈现挂毯的方式，来欣赏自己对于挂毯的幻觉。

20 Budd（2003：386）。

拓 展 阅 读

这一章的灵感来自斯特劳森在 Strawson（2011）中提出的"从趣味性出发的论证"。研究关于价值多元性的问题，Chang（1997）是一个有用的起点。Siewert（1998，2013）研究了关于现象意识之意义的一般问题。

第四章　时　　间

到目前为止，我们已经考察了支持不可还原的认知现象学的论证。在本章和下一章中，我们将探讨一些反对不可还原的认知现象学的论证。

本章的论证重点在于一类特殊的有意识认知状态，我将称其为有意识思想（conscious thoughts）[①]。有意识思想包括判断、假设、考虑和回忆。西沃特和克里格尔讨论的突然领悟就是有意识思想的典型例子。当你突然意识到你有一个约会，你就有了一个有意识思想。当——在做一个证明的过程中——你突然意识到，任何不在某个假定的有限质数列表中的数字都一定是合数，并且因此可被列表中的某个数字整除时，你也就有了一个有意识思想。

有意识思想是有意识的认知状态，它们具有命题态度结构。各种命题态度都包含两个方面。一方面是命题内容，这是一种由 that 引导的从句挑选出来的东西，例如"你有一个约会"。命题内容可能为真也可能为假，并与世界可能存在的不同方式相关。[1] 另一方面是态度，这是一种被诸如"突然领悟"这样的动词挑选出来的东西，它以 that 引导的从句作为补充。这些态度与心理学角色有关：突然领悟在心理学解释中扮演的角色与欲望、恐惧、推测等不一样。

80 每个命题态度都是一种心理状态，包含对某些命题内容持有的某种态度。而有意识思想就是具有这种结构的有意识的认知状态。

从这个意义上说，并非所有有意识的认知状态都是有意识思想。例如，考虑理解（前文所述）风筝段落的含义，以及直觉地认识到"如果 $a<1$，那么 $2-2a>0$"，或者通过完整证明推论出存在无限多个质数，等等。每一种这样的心理状态都包含着对命题的态度。但是它们还包括更多的其他内容。理解风筝段落的含义还包括涉及阅读的心理状态。直觉到"如果 $a<1$，那么 $2-2a>0$"的过程中，还包括着对抽象事件状态的明显觉知。而通过完整的证明，在推论出存在无限多个质数的过程中，还包括多个互相关联的命题态度，例如假设前提和判断逻辑关系等。

本章专门讨论有意识思想。这样做的原因是，有意识的认知状态通常表现出多种时间结构，本章考虑的论证旨在以狭义的有意识思想具有独特时间结构

[①] conscious thoughts 作为专业术语出现的时候，译为"有意识思想"；当作为一般描述性用语的时候，译为"有意识的思想"。——译者注

的观点为基础，挑战不可还原性。特别是，他们借鉴了彼得·吉奇（Peter Geach）对威廉·詹姆斯的某些批评。詹姆斯认为，体验（包括有意识思想）在意识流的过程中发生。吉奇则认为，无论我们对其他体验有何说法，至少有意识思想不会流动，而是以离散序列的形式发生的。在本章中，我所考虑的一组论据的统一主题是，吉奇对詹姆斯的批评是有说服力的，并为挑战不可还原性提供了基础，至少针对狭义的有意识思想而言是这样的。

计划是这样的。在第一节中，我将讨论一些基本问题；在第二节"意识流"中，我探讨了詹姆斯的观点，即意识像溪流一样流动。有许多不同的命题可能与这种观点相关，因此有必要对它们进行区分，并通过隐喻从总体上进行更加精确的理解。在第三节"思想序列"中，我考虑了吉奇关于詹姆斯将意识流观点应用于有意识思想的批评。在第四、第五、第六节中，我阐述并评估了三种不同的论证，它们挑战了有意识思想具有不可还原的认知现象学的观点。每个论证在一定程度上都涉及詹姆斯与吉奇的争论。在我看来，它们都没有明确的结论。

第一节 准 备 工 作

除了对时间的关注，本章的论证有三个方面的特别之处。第一，它们考虑到了心理状态和心理事件之间的区别；第二，正如已经提到的，它们关注的是狭义上的有意识思想；第三，它们通过支持一个与之不兼容的论题——我称其为"载体代理"（vehicle proxy），来挑战不可还原性是一个关于有意识思想的命题。本节的目的是解决由这些特征引出的一些初步问题。

我们首先从心理状态和心理事件之间的差异开始。我们可以通过更一般地描述状态和事件之间的差异来表达它们之间的不同。

正如我所理解的那样，这两者的差别可以追踪到两种不同的持续方式上。考虑一个事件，例如键入单词的事件。如果你从时间 T_a 到时间 T_b 键入单词，那么在该段时间内，键入这个动作可持续存在，因为在其中每个时刻它们拥有时间的部分或片段。在某个时间片段，你按下"p"键，在另一个时间片段你按下"r"键，诸如此类，等等。结果发现，"键入"这个动作无法使用任何一个时间片段来标识。这些时间片段只是这个"键入"的一部分。现在考虑一种状态，比如坐着。如果你从时间点 T_a 到时间点 T_b 一直坐着，那么在这个时间段内，坐姿在从 T_a 到 T_b 的时间中持续存在，因为在其中的每个时刻你都在保持这个坐姿。这里，没有必要划分时间上的片段。这里有你，有坐姿的属性，你

在时间点 T_a 实例化了这个属性，并且一直继续实例化到时间点 T_b。你的坐姿状态可以被认为与每个时刻的实例化相对应；因为它们恰好都是相同的状态在持续进行。值得注意的是，状态和事件之间的区分不必根据它们拥有的时间部分来描述。我们可以很方便地将一个持续的状态分割成几个时间部分。两者的区分在于持续性的根据不同——事件之所以持续存在，是因为在不同的时间有不同的部分；而状态之所以持续存在则是因为它自己保持在不同的时间中。

我们通常观察到的状态和事件的差别，也适用于心理状态和心理事件。一种心理状态的持续存在是由于在不同时间保留了自身。一个心理事件的持续存在是由于在不同的时间它拥有不同的部分。心理状态与心理事件的差别很自然地表明了现象状态与现象事件的差别。现象状态是一类心理状态，它被处于其中的一个人的真实感觉所确定。现象事件是一类心理事件，它被发生在一个人身上的真实感觉所确定。现象状态和现象事件之间的差别，很自然地表明了现象上有意识的状态和现象上有意识的事件之间的区别。然而，此处的情况略微有点复杂。

事实将证明，用现象状态和现象事件来定义现象上有意识的状态是有用的，而不是仅仅用现象状态来定义现象上有意识的状态。类似的观点适用于现象上有意识的事件。因此，在这里我将采用如下描述方法，即一种心理状态 M 要成为一种现象上有意识的状态，其必然条件是，如果一个人处于 M 中，那么因为这个人处于 M 中，所以一定存在某种现象状态或某个事件 P，使得这个人在 P 中或者说 P 发生在这个人身上。而且，一种心理状态 M 要成为一个现象上有意识的事件，其必然条件是，如果 M 发生在一个人身上，那么因为 M 发生在这个人的身上，所以一定存在某种现象状态或某个事件 P，使得这个人处于 P 或者 P 发生在这个人身上。我承认，处于一种状态可能包括发生在这个人身上的一个事件，而发生在一个人身上的事件也可能包括处于一种状态中。我在下面考虑的一些观点需要这些可能性。它们对我来说似乎是真正的可能性。例如，怀孕就是一种包括某些事件的状态，而赢得比赛则是一种包括某种状态的事件。

出于本章的目的，现在让我们考虑一下，应该如何修改我们对不可还原性的理解。正如我在引言中所说的那样，不可还原性的命题是：一些认知状态会使人处于现象状态中，但没有任何完全的感觉状态满足这些现象状态的要求。现在我们需要将现象事件考虑在内，并将论题限制在有意识思想中。这就提出了如下观点：

不可还原性 $_{CT}$（CT 表示有意识思想）：一些有意识思想会对一个人的整

体体验造成现象差异,对于这个体验而言,只有有意识思想可以满足它的要求。

这个不可还原性命题的修正形式,不仅将有意识思想从感觉状态中分离出来,而且将它从其他有意识的认知状态中分离出来,而此类认知状态在所讨论的狭义意义上并不是有意识思想。这种观点是说,一些有意识思想具有一种现象特征,这种特征既不能在完全感觉状态或事件中找到,也不能在其他种类的有意识认知状态或事件中找到。

本章的论证通过提出与不可还原性不相容的命题,对不可还原性 $_{CT}$ 提出了挑战。关于这个命题,我将采用以下表述形式:

载体代理:如果一个有意识思想对一个人的整体体验造成了现象差异,那么这一差异的出现恰恰是由这个思想载体的感觉表象引起的。

83

思想载体这种观点通过语言和书写能得到最好的说明。以"你有一个约会"的思想为例。你可以在演讲或写作中,通过口头语言或书写"我有个约会"来表达这种思想。这些口语或书面的语言就是这个思想的载体。一般来说,一个思想的载体"承载着"那个思想的内容。根据载体代理的观点,如果你有一个诸如约会的有意识思想对你的整体体验造成了现象差异,那么这种情况的出现恰恰是因为一个载体的感觉表象表达了你有一个约会的思想。这个载体就是关于这个思想的一个现象代理——因此有了这个命题的名称。载体可能是内心的言语或内心的写作,也或者是非语言的东西,例如关于一个你需要见面的人的心理意象。

如果载体代理命题是真的,那么有意识思想的不可还原性命题就是假的。假定一些有意识思想对你的整体体验造成了现象差异。根据载体代理理论,这种现象的出现恰好是由这个思想载体的感觉表象引起的。对于这个思想的现象在场,除了通过载体的感觉表象所提供的解释之外,没有其他更多的内容。这意味着,如果你处于某种完全感觉的心理状态,或者如果某个完全感觉的心理事件发生在你身上,以同样的方式表征同一个载体,那么这将足以使你处在同样的现象状态,或者使同样的现象事件发生在你身上,就像有意识思想所适合的情况一样。因此,有意识思想的不可还原性命题是假的。

第二节 意 识 流

在不同的时间你有不同的体验,但它们似乎融合在一起构成了一个有意识的生命,该生命包括一个即将到来的未来,一个正在消退的过去,以及它们正流动于其中的当下。这暗示了意识流的隐喻。然而，如果我们想在论证中使用这种想法，我们就需要使它更精确。这就是本节的目的。

我的策略是从最小的意识流概念开始，逐步建立起詹姆斯式的意识流概念，并把詹姆斯看成我们的指导者。而且，我还将使用数学工具。假设有一个粒子在运动。在不同时刻，它处在不同的位置。我们可以说粒子的运动把不同的时间和不同的位置联系了起来。为了数学处理的方便，我们可以使用一个从时间到位置的函数来表征此运动。这个函数捕捉到了运动的重要的结构特征。现在考虑一个意识流。在不同时刻，它包括不同的现象状态和事件。我们可以说，意识流将不同的时间与不同的现象状态和事件联系在了一起。为了我们的目的，使用一个从时间到现象状态和事件的关系来表征这个意识流将是有用的。这个关系将捕捉意识流的重要结构特征。

最小意识流的概念是最小的，因为它所做的只是捕捉到一个事实，即意识流将不同的时间与不同的现象状态和事件联系在一起，没有额外的结构特征。所以我们可以这样定义这个概念：X 是最小的意识流，当且仅当 X 是时间与现象状态的实例或现象事件的时间片段之间的二元关系。

有四个问题需要依次澄清。第一，正如已经指出的那样，严格地说，定义中提到的二元关系是对意识流的数学表征，而不是意识流本身。我将遵循一种普通而无害的做法来忽略这种区别。第二，意识流由实例（tokens）而不是类型（types）构成。现象状态和现象事件的概念是属于类型的概念。意识流将时间与实例或这些类型的实例的时间部分联系起来。第三，添加限定词"或时间部分"的原因是某些现象事件的持续存在，但如上文所述，它们是通过拥有时间部分来实现持续存在的。发生在一个人身上的时间上延长的现象事件，实际上是一个人将其不同的时间部分分配给适当阶段的意识流。第四，意识流不是从时间到现象状态的实例或现象事件的时间部分的函数。它们是时间和现象状态的实例或事件的时间部分之间的关系。与函数不同，关系可以是一对多。这允许意识流将一个以上的实例化的现象状态或现象事件的时间部分分配给同一时间。对比明显的是单个粒子的运动：在任何时刻它只在一个位置上，所以我们可以用一个函数来表征它的运动。

现在我们将遵循詹姆斯在《心理学原理》中的讨论，在最小意识流的基础上建构意识流概念。詹姆斯讨论意识流的那一章的题目为"思想之流"。在该章中，詹姆斯为五个主张提供了辩护。以下是他最初的表述：

（1）每一种思想都倾向于成为个人意识的一部分。

（2）在每个人的个人意识中，思想总是在变化的。

（3）在每个人的个人意识中，思想是明显连续的。

（4）思想似乎总是在处理独立于它自身的对象。

（5）思想对这些对象的某些部分感兴趣而排除其他部分，并欢迎或拒绝——从它们中间选择。总之，它一直在做出选择。[2]

为了重新构建意识流这个目的，重要的论题是（1）到（3），我会围绕它们组织讨论，（4）和（5）先不做讨论。

首先需要指出的是，詹姆斯使用的"思想"意指的是"不加区分的每一种意识形式"。[3] 因此，他的论题涉及感官知觉、身体感觉、情感、心情和各种有意识的认知状态。由于本书关注的是认知状态相对于感觉状态的独特属性，而且这一章讨论的是狭义的有意识思想的独特属性，而不是感觉状态或其他认知状态的独特属性，因此我不会根据詹姆斯的方式使用"思想"一词。我不会引入一个专门术语来表达詹姆斯用"思想"一词所蕴含的东西，我会继续使用我一直在用的一些术语——"现象状态""现象事件""现象上有意识的状态""现象上有意识的事件"——还有另一个术语——"意识流中的事项"。

所谓意识流中的事项指的是属于该意识流的任何东西。关于关系的数学讨论使用域和范围的概念。关系将域的成员与范围的成员相关联。对于意识流来说，域包含时间，范围包含现象状态和现象事件的时间部分。因此，我们可以说，如果一件事物要成为意识流中的一个事项，它就必须处在表征意识流的关系的范围之内。这是我在讨论詹姆斯时将会用到的概念。我相信，"意识流中的事项"这个词能够挑选出詹姆斯用"思想"一词所意图指示的各种事物，即"不加区分的任何形式的意识"。

那么，詹姆斯的第一个主张是，意识流中的每个事项都倾向于成为个人意识的一部分。与詹姆斯这一论点相关的有两个不同的命题。

共同自我：意识流中的事项属于一个共同自我。

同步统一性：一个意识流分配给某个时间的事项趋向于现象的统一。

86

你当前的视觉体验与听觉体验在现象上是统一的。但是，它们与我的体验在现象上并不统一。同步统一性指的是在同一时间内，你所有的实例化现象状态和事件都倾向于保持在这种统一的关系中。[4] 在本书中，我将把同步现象统一性这一概念作为基本概念。[5] 詹姆斯似乎认为"共同自我"解释了同步统一性。在目前的文献中，这是一个有争议的主张。[6] 我认为这个主张很容易与詹姆斯的其他信念区分开，因此在接下来的讨论中，我将不会假设这一观点是正确的。

詹姆斯的第二个主张是，意识流中的不同事项总是在变化。在讨论此主张时，詹姆斯区分了三个命题，他对这些命题持不同的态度。

无耐力：如果 t_1、t_2 在意识流的域内是不同的时间，那么意识流中就没有任何意识项分配给 t_1 和 t_2。[7]

不重复发生：如果 t_1、t_2 和 t_3 是意识流域内的不同时间，并且 t_2 在 t_1 和 t_3 之间，那么意识流中没有意识项分配给 t_1 和 t_3，但 t_2 却不一样。[8]

无恒常性：如果 t_1 和 t_2 是意识流域内的不同时间，则该意识流只会将某些意识项分配给 t_1 或 t_2 中的一个，而不会分配给另一个。[9]

詹姆斯起初考虑了"无耐力"命题，但对此持中立态度，他写道："即使是正确的，也很难确立。"[10] 他引述沙德沃思·霍奇森（Shadworth Hodgson）的"无恒常性"表达，并表示赞同。[11] 他的大部分讨论都集中在"不重复发生"上。他对"不重复发生"的重视也是他拒绝"简单思想"的一部分。[12] 尽管詹姆斯专注于"不重复发生"，但在我看来，"无恒常性"与清楚地说明意识在溪流中流动的想法更为相关。

最后，詹姆斯的第三个主张认为，意识流是明显地连续的。詹姆斯说，这"意味着两件事"：

1. 即使在有时间间隔的地方，后面的意识仍然感觉自己好像和之前的意识属于同一个自我的不同部分。

2. 意识的质性不会从一瞬间到另一瞬间发生突然的变化。[13]

第一个分论点（subclaim）是说，"共同自我"在时间上具有相似性。这里，我先不讨论这个主张。第二个分论点有两种解释。首先，它可能涉及意识流的内容，即被体验到的东西。其次，它可能涉及意识流的结构，即意识流各部分之间的关系。詹姆斯用了大量篇幅探讨这两方面的主张。但是就我们的目的而言，其内容的要点是无关紧要的，因此在这里不做讨论。这个结构的要点是"同步统一性"在时间上的相似性，因此自然被称为"历时统一性"。

历时统一性：对于意识流域内的任何时间 t，如果在 t 周围存在任何间隔，则在 t 周围存在一个间隔 i，这样意识流分配给 t 的项与意识流分配给时间间隔 i 的项趋向于现象上的统一。[14]

假设你正在听音乐。你当前对音乐的听觉体验与你过去对音乐的听觉体验是一致的。表明这一点的迹象是，你当前对音乐的听觉体验是作为对音乐的可持续的体验被感觉到的，而不是作为对某些声音的孤立体验被感觉到的。历时统一性的含义是，你在一定间隔内的所有实例化现象状态和事件都倾向于保持在这种统一关系中。[15] 在本书中，我将历时的现象统一性作为讨论的基础。[16] 我不会尝试去定义它或为相关的理论辩护。在下一节中，我将讨论有关现象统一性和分体论概念（mereological notions）之间的关系。

我们从意识流的最小概念开始讨论。根据詹姆斯的说法，实际的意识流具有的属性要比最小的概念定义所赋予它的属性更多。在我看来，詹姆斯哲学中意识流的关键特征，是那些被归结为"同步统一性"、"无恒常性"和"历时统一性"的特征。因此，我们可以这样定义詹姆斯式的意识流：只要有一个最小的意识流 X，它具有同步统一性、无恒常性和历时统一性特征，那么 X 就是一种詹姆斯式的意识流。在我看来，声称实际的意识流都是詹姆斯式的意识流是一种合理的观点，这种观点描述了意识的本质，而且它不太依赖于隐喻。

但是，布莱恩·奥肖内西（Brian O'Shaughnessy）认为，意识像溪流一样，其特征比我已经讨论过的要多得多。这个看法很重要，这不仅是因为我对奥肖内西关于此事的观点具有内在的兴趣，还因为，我后面部分讨论的论证依赖于奥肖内西对意识作为流本身的扩展性理解。

奥肖内西与我们有关的观点是，他声称意识是过程性的："在体验领域……任何持久的事物都必须是过程性的。"[17] 在继续探讨之前，我们需要校准术语。奥肖内西的体验概念与我使用的概念有何对应（如果有的话）？我认为他正在使用体验的概念以区分出意识流的部分。这些部分是具体的细节，它们不是类型。这些部分不必能够在某个单独时刻整体地存在。因此，他的概念并不相当于*现象事件或状态、有意识的事件或状态*——这些是属于类型的概念。他的概念与*意识流中的事项*也不对应，因为正如我所定义的那样，这些事项必须能够在单独时刻完整地存在。更准确地说，他的概念可以做如下理解：如果 X 是一种体验，那么 X 必须是意识流的一个事项或由意识流的多个事项组成。此定义允许体验包括实例化现象状态和现象事件，而不仅仅是实例化现象状态和现象事件的时间部分。

根据奥肖内西的说法，体验像过程一样持续存在，过程像事件而不是像状态一样持续存在。因此，在奥肖内西看来，体验就像事件一样是持续存在的。也就是说，任何在一段时间间隔内持续的体验，它的可持续性都是通过在该时间间隔内的每个时刻的时间部分来实现的。在奥肖内西看来，这就是意识像溪流的部分原因。[18] 这等于说，意识流并不将时间与现象状态的实例相关联，而只是与现象事件的时间部分的实例相关联。这正是我在下面的最后三部分要考虑的。

奥肖内西声称意识是过程性的，这个主张是否源于我所引用的詹姆斯式的意识如流这一事实？奥肖内西的讨论可能会给人这种印象。他为意识是过程性

88

的这个声称提供了一个论证，而这个论证依赖于意识处于"流动"状态这一观点。以下是他的原话：

> 89   我们已经看到，体验本质上处于不断变化的状态。这意味着，所有必要性的体验都是"发生"或"出现"，或者"正在进行中"：总而言之，无论是事件、过程，还是两者都是……所有的体验都不是状态……因此，假设我们要使精神生活完全陷入停顿……然后，尽管许多非体验状态将持续存在，但是非体验性的过程将停止，所有体验将不再存在（因此，精神事件的破坏必然导致意识的破坏）。这难道不是证明了没有任何体验是状态吗？……能否举出具有以下两种属性的事物的例子，即具有可体验性，且所有精神事件的中断都不会破坏它？[19]

这里可以用如下方法来准确说明奥肖内西的思想路线。

（1）意识流本质上是处于流动状态的。

（2）因此，你的意识流不可能停滞不前，你也不可能体验到它的停滞。

（3）如果体验作为状态持续存在，那么你的意识流就可能停滞不前，而你也有可能体验到。

（4）因此，体验作为过程而不是状态持续存在。

詹姆斯指出了这一论证的问题。奥肖内西的前提（1）对应于"无耐力"还是"无恒常性"？[20]如果它与"无耐力"相对应，那么就有一种理解可以使这一论证有效。这种观点是说，既然没有体验可以持续下去却不变化，那么也就没有体验仅仅是一种状态的延续。但是，正如詹姆斯指出的那样，无耐力这一特点很难成立。没有直接的现象学证据证明这一点。如果我盯着一个不变的彩色区域看，似乎至少我的视觉体验有可能保持不变，即使我的一些其他体验必须发生改变，我才能有意识。奥肖内西的观点是，即使我的视觉体验保持不变，它也需要可持续性的更新才能保证如此。但是他不能假设这是真的，因为这样做要假设体验在可持续进行，而这一点需要证明。接下来，假设奥肖内西的前提（1）对应于"无恒常性"，那么结论是该论证无效。也许一个人的一些体验时刻都在变化，是意识流的一个必要背景条件。这一点，与同时也存在着持续的、不变化的体验并不矛盾。

因此，我们一致认为意识是像溪流一样的存在，同时否认所有体验的持
> 90 续性是连续性的。就下面要考虑的论点而言，如果它们依赖于奥肖内西关于体验的连续性观点，那么它们就存在着薄弱的环节。我还要探讨论证中的其他不足之处，但为了维护一个良好的辩论效果，我必须把这个问题牢记在心。

第三节 思 想 序 列

在吉奇的文章《我们用什么思考》[21] 中，吉奇详细地讨论了他与詹姆斯的意见分歧，他写道：

思维包括一系列可以不连续计算的思想，即第一、第二、第三……如果这些思想比较复杂，则所有元素必须同时出现；这些思想不会通过逐渐过渡而相互转化。[22]

他明确地将这种观点与詹姆斯的观点进行了对比："思想的发生并不是像詹姆斯式的溪流一样，而是如我一贯认为的——作为一个系列发生，一些思想内容在这个系列中先后出现；在任何一个思想内部都不存在变更，也没有从一个思想到另一个思想的逐渐过渡……"[23] 从表面上看，詹姆斯和吉奇之间的争议可以很简单地说清楚。根据詹姆斯的观点，思想流淌在一条连绵不断的溪流中。而吉奇的观点则是，思想像火车一样是按顺序前进的。但是，在这里，我们必须谨慎对待这种差别。

吉奇关于思想的顺序性提出了两个论点。以下是更清晰的表述：

同时性：假设你认为 p 发生在时间 t。那么，你的思想 p 的所有部分都出现在时间 t。

不相交性：假设你认为 p 发生在时间 t_a，并且认为 q 发生在不同的时间 t_b。那么，在你的思想 p 与思想 q 之间就不会有重叠，即你的思想 p 和你的思想 q 不分享任何部分。[24]

同时性是指思想的所有部分都同时发生，而不相交性是指思想之间没有逐渐过渡。

正如我所描述的那样，这些主张与詹姆斯提出的思想流动的主张并不一致。同时性似乎与詹姆斯稍后章节中阐释的 "思想流"，即思想具有"时间部分"的观点也不一致。[25] 但詹姆斯在那儿的讨论颇为晦涩。他补充说：

现在我来说一下时间部分，我们不能把其中的任何一段时间选得太短，以致它们无法以某种方式或其他方式成为整个对象的一个思想……它们像画面重叠一样彼此融为一体，没有任何两个部分对对象的感知是相同的，但是每个部分都以统一的不可分割的方式感觉到整体对象。[26]

根据上面这段话，人们可能会质疑吉奇的 "同时性" 论点是否真的与詹姆斯的"思想具有时间部分"主张相矛盾。我先不讨论这个问题。我们目前关注的问题是，吉奇的观点是否与詹姆斯关于思想在意识流中流动的观点不一致，而不是吉奇的观点与詹姆斯所持的其他论断不一致的问题。

为了使这些议题的区分更加清楚，让我们考虑如何修改吉奇的观点，以产生与詹姆斯哲学中思想在流动的观点明显不一致的主张。我将重点讨论不相交性，因为它与这个议题更明显地相关。下面是第一个证据：

不统一性：假设你认为 p 在时间 t_a，q 在另一个时间 t_b。在你的思想 p 和思想 q 之间不存在任何历时统一性的联系。

詹姆斯式的流动是依赖于历时统一性的联系，而不是依赖于分体论上的重叠关系。因此，要生成一种不一致性，我们需要诸如"不统一性"之类的东西。但是，仅"不统一性"还是不够的。理由是詹姆斯"历时统一性"的概念涉及意识流中的各种事项，而"不统一性"则只涉及狭义的思想。考虑自然数出现在实数中的方式。它们是更丰富的连续体中的一个离散的子序列。同样，思想也可能是更丰富的一般体验连续体中的一个离散子序列。如果不统一性是真的，那么就不可能有詹姆斯提到的完全由思想组成的意识流。但是，思想可能会在更丰富的意识流中发生，这些意识流具有类似溪流的流动特性，这通常是由意识流中各项之间的历时统一性关系所致的。

92 目前尚不清楚持这种观点的动机是什么。是什么阻止思想保持在彼此之间的历时统一性关系中？有人可能会争辩说，历时统一性关系是通过分体论上的重叠关系而获得的。我在前文说过，历时统一性与分体论的重叠是有区别的。从表面上看是这样的。但是，也许正确的历时统一性理论需要两个历时性的被统一的体验来达成部分共享。[27] 然而，这种观点对我来说似乎是不可信的。一个视觉体验可以历时性地与味觉体验统一起来，即使它们没有共享任何部分。尽管用分体论的术语解释现象统一性是一个很有吸引力的想法，但是不要求对重叠部分的统一体验也可以做到这一点。一种观点认为，如果两个体验都是一个更大体验的一部分，则它们是统一的。[28] 它们不需要有*共享部分*。确切地说，它们需要成为更大体验的一*部分*。这种观点与保持在两个非重叠思想之间的历时统一性关系是兼容的。因此，"不统一"的观点很值得怀疑。不过，这是一个有趣的论点，值得探讨。它意味着，即使思想确实发生在意识流中，它们也无法独自构成意识流。

要完全排除思想在詹姆斯式的意识流中出现的可能性，我们必须进一步强化"不统一性"的证据：

不连续性：假设你认为思想 p 发生在 t_a，并且在不同的时间 t_b 有一个体验 e 发生。在你的想法 p 和你的体验 e 之间没有历时统一性的关系。

如果"不连续性"是真的，那么无论意识流中包含什么其他种类的事项，思想都会在意识流中引入中断。这与詹姆斯认为意识流服从历时统一性的观点不一致。目前尚不清楚这种不连续性的诱因可能是什么。

让我们简要回顾一下。吉奇的"同时性"命题可能与詹姆斯的思想有时间部分的观点不一致，但这与思想是否出现在詹姆斯式意识流中无关。此外，吉奇说的"不相交性"与思想在詹姆斯式意识流中出现的观点相一致。"不相交性"有一个有趣的变样，也就是不统一性。这意味着，即使思想确实出现在詹姆斯所说的意识流中，形成这种情况的原因也取决于意识流包含的事项而不取决于思想。不连续性代表了一种排除思想在詹姆斯式意识流中发生的方式，特别是符合历时统一性的意识流，但尚不清楚支持这种方式的动机是什么。

最后，请允许我强调，我不是在拒绝吉奇的任何一个主张——同时性或不相交性。两者在我看来似乎都是合理的。我要否认的是，它们的真实性立即要求思想不适合成为詹姆斯式意识流的一部分，而这种意识流具有同步统一性、无恒常性和历时统一性[29]的特征。

第四节　意识流中的思想

前两节回顾了詹姆斯与吉奇的争论。在本节和接下来的两节中，我将考虑利用这一争论中的最新观点来支持被我称为"载体代理"的命题——如果一个有意识的思想对一个人的整体体验造成了现象差异，那么这个差异的出现恰恰是该思想的载体有感觉表象的缘故。

第一个论据来自绍特里欧（Soteriou）的论文《内容与意识流》。[30]

绍特里欧接受以下两个主张。

（1）一个人的所有现象状态或事件都是一个人的意识流的一部分。[31]

（2）意识流的所有部分都是过程性的[32]

从目前的条件看，主张（1）似乎是无害的。主张（2）等同于奥肖内西的观点，即体验是过程性的。[33]

结合（1）和（2）可推论出，一个人从未处于现象状态中——只有现象事件会发生在一个人的身上。绍特里欧的论文的大部分内容致力于协调（1）和（2）与现象上有意识的状态的存在之间的关系，例如当你视觉上感觉到天空是蓝色时你所处的状态。简而言之，协调的结果是，现象上有意识的状态的存在是由于现象事件的发生。[34] 在这里，绍特里欧正在利用上面提到的可能性，即一个人可能由于发生在自己身上的事件而处于某种状态。

我们关心的是所有这些对于有意识思想的影响，下面是绍特里欧接受的第三个主张。

（3）有意识思想不是具有持续时间（duration）的事件。[35]

命题（3）的诱因来自吉奇的主张，即任何一个思想内不存在变更或演替。[36] 考虑到（1）、（2）和（3），我们可以继续对"载体代理"进行论证，如下所示。

94

（4）缺失持续时间的事件不是过程性的。［前提］

（5）如果一个有意识思想包括一个现象事件，那么它必须包含一个具有持续时间的事件。[37]［来自（1）、（2）、（4）］

（6）如果一个有意识思想包含一个持续性的事件，那么它是通过包含一个不同于思想的事件来实现的。[38]［来自（3）］

（7）因此，如果一个有意识思想包含了一个现象事件，那么之所以如此，是因为它包含了一个不同于思想的事件——最大可能是该思想可感觉到的载体。［来自（5）和（6）］

结论（7）使我们有理由相信载体代理。接下来，我将指出该论证中的两个缺点。

第一个是前提（2），这个前提来自奥肖内西的观点。绍特里欧没有为此提供独立的支持，并且我们发现奥肖内西支持此观点的论证也不充分。因此，将不可还原性用于有意识思想的支持者和载体代理的反对者，都可能会在这一点上提出针锋相对的看法。

第二个是前提（4）。回想一下这种观点，即如果某事物持续存在，而它之所以如此是因为它有时间部分，那么某事物就是过程性的。这种观点与缺失持续时间的过程性事件的存在是相容的。也许"过程性"一词具有误导性。它可能给人一种暗示，即这个谓语适用于某事物，当且仅当该事物持续存在，并且它之所以如此是由于它有时间部分。但这是一个误解。这种观点是说，这个概念适用于某事物是由于它将以某种方式持续存在——如果它确实持续存在的话，那么对于该事物在事实上是否真的持续存在，这个概念则保持中立态度。

当然，有人可能会规定"过程性"应仅适用于那些持续存在的事物，并且它的持续存在是通过具有时间部分来实现的。但是，即使没有我指出的问题，奥肖内西的论证是否能够证明所有体验都是过程性的，目前还是不清楚的。在他关于意识流的反思中，并没有任何东西表明体验必须具有持续时间。

无论如何，让我们把"过程性"一词放在一边。前面所说的是思想包括*瞬*

*的*的现象事件。也许它们有时候在现象上是有意识的，在一定程度上是因为它们包括非瞬时现象事件，例如与感觉载体（sensory vehicles）相关的事件。但是也许在其他情况下，它们在现象上之所以是有意识的，恰恰是因为它们包括了瞬时现象事件，而这些事件本身可能就是有意识思想。在这种情况下，载体代理是错误的。

人们可能会担心：一个现象事件是否可能是瞬时发生的？在我看来，这个概念一开始看上去似乎并不是不连贯的。也许，进一步的考虑会揭示出深层次的不连贯性。如果是这样，这需要额外的论证。我们将在下一节中考虑这种论证。 95

第五节　瞬时思想和持久载体

关于载体代理的第二个论点，也来自绍特里欧的论文《精神代理，有意识思想和现象特征》。[39] 该论点是，沿着载体代理的思路是解决关于有意识思想的某种难题的最佳方法。

下面是关于该难题的表述。

（1）有意识思想之所以有意识是因为存在一种高阶表征。[40]

（2）有意识思想是事件。[41]

绍特里欧从（1）和（2）得出的结果如下。

（3）如果一个思想是有意识的，那么它就具有持续时间。[42]

这种观点是说，一个有意识思想要么是心理状态的瞬时变化，要么不是。如果回答是肯定的，那么"它看起来似乎是一种事件，是人们只能通过已获得的状态才能够进入的事件"，并且人们"只能将这样的事件视为现在已经完成的或过去发生的事件（或者是将要发生的事件），而不是正在发生的事件"[43]。但是，当一个有意识思想出现的时候，它会被感觉为当下人们正在做的事件。因此，有意识思想不是心理状态的瞬时变化，即如果（2）成立，（3）也成立。

但是，从吉奇的观点出发我们又得到如下结论。

（4）思想不是有持续时间的事件。[44]

那么，关于有意识思想的难题就在于，如果一个思想是有意识的，它必须是一个有持续时间的事件，但是思想并不是具有持续时间的事件，因此没有任何思想是有意识的。

绍特里欧不接受思想是无意识的观点。他提出了一个解决难题的方法：

我建议的解决办法是把这个有意识的判断心理行为，看作是涉及具有持续时间的有意识的心理事件的发生，而这个心理事件就是这个判断心理行为的载 96

体，就像在大声地表达思想的情况下，一个人说出那个命题 p 时的身体动作就是这个人明确判断出那个 p 的载体一样。[45]

因此，对于这个难题提出的解决方案是"载体代理"。然而，在我看来，这个难题并不真的存在。如果没有真正的难题，那么提出"载体代理"的动机至少被证明是虚假的。

这个所谓的难题的薄弱环节是主张（1），即使有意识思想成为有意识的东西是对它的更高阶表征。一些哲学家相信这一点。[46] 但许多哲学家对此予以否认。一些人之所以否认它，是因为他们认为使有意识思想成为有意识的东西不包含对它的表征。[47] 另外一些人否认它的理由是，他们认为使有意识思想成为有意识的东西确实包含了对它的表征，但这种表征只是自我表征的一种形式，而不是更高阶表征。[48]

如果这些替代观点中的任何一个是真实的，那么绍特里欧的难题就无法解决。首先，假设使有意识思想成为有意识的东西不涉及对它的表征，那么，我们不清楚的是，人们如何从思想是有意识的存在这个条件推理出难题中的主张（3），即如果一个思想是有意识的，那么它就具有持续时间。其次，假设使一个有意识思想成为有意识的东西涉及一种自我表征的形式，那么，绍特里欧发展出来的从思想是有意识的存在这个条件到主张（3）的推理过程，似乎并不太有说服力。回想一下，那个推理过程取决于这样一种想法，即对一个瞬时事件的表征不表示该事件现在正在发生。但是，如果表征本身与瞬时事件是相同的，或者是其中的一部分，正如自我表征主义者认为的那样，那么尚不清楚为什么应该如此。这并不是说好像思想太快以至于表征跟不上——因为表征与思想一样快。因此，最多只能说，绍特里欧表面上的难题只有在涉及一种有争议的高阶观点时才是一个真正的难题，这种观点涉及是什么使得有意识思想成为有意识的问题。

然而，即使承认这种高阶观点，绍特里欧的难题也可以被驳斥。绍特里欧的推理过程是从（1）有意识思想之所以有意识是因为存在一种高阶表征和（2）有意识思想是事件，推导出（3）如果一个思想是有意识的，那么它就具有持续时间；然后考虑到（4）思想不是有持续时间的事件，得出结论：不存在有意识思想。但是，以下推理过程对我来说也同样合理。从（1）、（2）和（4）中得出结论：如果一个思想是有意识的，则使其有意识的更高阶表征是瞬时的。我发现这两个推理过程都有些不够明显，因为一个事件的时间属性不一定会限制该事件的表征的时间属性。[49] 我现在想强调的一点仅仅是，绍特里欧的推理并不明显比替代方案更好。但是，替代方案并不会导致任何关于有意识思想不存在的令人困惑的结论。

97

因此，我们有理由认为，激发"载体代理"的所谓难题并非真正的难题。

第六节 持续思想和持续载体

我将考虑的关于载体代理的第三个也是最后一个论点出现在泰伊和赖特的论文《是否存在一门思想现象学？》中。[50]

该论点的第一个前提来自奥肖内西。奥肖内西声称，体验就像过程而不像状态那样持续存在。

（1）体验，即意识流的一部分，通过拥有时间部分而持续存在[51]。

第二个前提受益于对吉奇的工作的反思。但是，与绍特里欧不同的是，泰伊和赖特没有为质疑有意识思想有持续性的主张提供辩护。这是因为，他们并没有主张有意识思想是事件。他们从吉奇那里得出的是一个关于思想如何持续存在（如果它们确实存在的话）的前提。

（2）如果一个思想持续存在，它不会通过拥有时间部分来实现，而是通过持久来实现，就像一种状态一样。[52]

接下来，他们观察到某些现象上有意识的思想确实持续存在，并且在前提（1）的情况下，持续进行。

（3）某些在现象上有意识的思想持续存在，并且持续地进行。[53]

请注意，尽管（2）和（3）处于紧张关系中，但（2）是关于思想的，（3）涉及现象上有意识的思想。有多种利用这种差异的方法以缓解紧张。[54]这是泰伊和赖特建议的行动。根据他们的观点，如果一个现象上有意识的思想持续存在，那么它是通过一个感觉载体的持续存在来实现的。

（4）如果一个现象上有意识的思想持续存在，那么它之所以如此，是因为它与持续存在的一个感觉载体有关[55]。

如果（4）为真，则为更具概括性的结论提供了支持。

（5）如果一个思想在现象上是有意识的——换言之，将一个人置身于一种现象状态或一个事件中——那么它在现象上是有意识的，是因为它与一个现象上有意识的感觉载体有联系。[56]

结论（5）恰好是载体代理的一个变体。

与前两节中的论证一样，这个论证的弱点是，它依赖于来自奥肖内西的没有得到充分支持的前提，即体验是持续进行的。因此，载体代理的反对者可能会反对该论证的第一个前提。

我对这个论证的主要担心与（2）和（3）有关。绍特里欧在对来自吉奇的同一段文字进行了反思后，并没有得出类似（2）那样的结论。相反，他得出的结论是，思想是没有持续时间的事件。如果有动机来反驳这种推理路线，并更倾向于泰伊和赖特的观点（2），那么这个动机必须与前提（3）的动机相同。但是，在我看来，（3）引入了一种新的心理状态或一个事件。

简单地思考某个命题 p 是一回事，比如说你有一个约会，或者任何一个不在某个假设的有限质数列表上的数字必然是合数，因此可以被列表上的某个数字整除。将命题 p 保持在大脑中是另一回事。假设我正在推导质数的无穷性证明。我已经假定了一个质数列表。我开始想到这个思想，即任何不在该列表上的数字都必须是合数，因此可以被列表上的某个数字整除。这是在简单地思考命题 p。但是，假设我不知道如何推进这个证明，于是，我大脑中产生了这样的思想，即列表上未列出的任何数字都一定是合数，并且可以被列表上的某个数字整除，因为我试图弄清楚如何继续下去。这不是在*简单地*思考命题 p。当我突然想到任何不在列表上的数字一定是合数，并且可以被列表上的某个数字整除时，我将这个思想保持在大脑中，并不意味着我只是延长了这个思想发生时所发生的任何事情。相反，把这个思想保持在大脑中部分地包含着其他心理状态和事件的获得或发生。例如，我还会想关于如何使用这个命题来推进证明的各种想法。保持思想 p 在大脑中，并不只是对命题 p 产生某种态度，比如判断、考虑、回忆或其他任何形式。它是一种更复杂的心理状态或事件，它包含正在获得或发生的各种其他心理状态或事件。应持有这种想法，即脑中的命题 p 是可以被认知的。它可以被认为具有命题态度结构，即有保持在大脑中的态度和有命题 p。但它不仅仅具有命题态度结构，它更像是通过证明进行推理——实际上，它通常涉及通过证明进行推理。这一点的重要意义在于，关于状态或事件（如思考命题 p）的时间特性的主张，不必是对状态或事件（如保持思想 p 在大脑中）的正确说法，反之亦然。

因此，论点变得模棱两可。假设我们专注于考虑命题 p。那么*也许*（2）是对的，但人们可能会反驳，反而认为思想是没有持续时间的事件。无论哪种方式，（3）都不正确。仅仅思考命题 p 可能不会持续，当然也不会像一个事件那样持续存在，这恰好与吉奇和绍特里欧所强调的原因一样。假设我们专注于保持思想 p 在大脑中。那么，*也许*（3）是正确的。可以确信的是，保持思想 p 在大脑中是可以持续存在的状态或事件。它是否必须是一个事件，这一点不是很清晰。有人可能会说这是一个事件。但是，如果那样的话，（2）将不成立。只有当我们模棱两可，重新专注于简单地思考 p，而不是把 p 保持在大脑中时，（2）才显得有道理。另外，有人可能会争辩说，保持思想 p 在大脑中实际上是一种状态。在这种情况下，（2）将保持为真。（3）的一部分是正确的——关于持续存在的部分，另一部分是错误的——这部分是关于作为事件的持续存在。在这种情况下，人们可能会担心前提（1）的影响，假设我们暂时承认（1）是合乎逻辑的。但是，事实上不存在真正的问题。这是因为，持有思想 p 在大脑中可能是一个人所处的一种现象上有意识的状态，因为各种现象事件发生在这个人身上。此外，这些现象事件无须涉及载体。它们可能仅仅是有意识的思想事件——对命题 p 的思考——它们本身缺失持续时间。在这种情况下，人们通过产生各种想法从而保持思想 p 在大脑中，有些想法可能就是关于命题 p 的思想，有些可能是与命题 p 相关的思想，比如思考如何在证明中使用该命题——任何不在假定的所有质数列表中的数字必定是合数，并且可以被列表中的某个数字整除。我想强调的是，我在这里只是指出一些可能的选项。这些可能选项的存在表明，泰伊和赖特关于"载体代理"的论证是失败的。

注　　释

1 "2+2=4"的命题和"单身汉未婚"的命题，相对于所有可能世界都是真的。但是，从表面上看，它们是不同的命题。进行区分的一种方法是考虑两种情况：可能世界（世界可能存在的方式）和不可能世界（世界不可能存在的方式）。所以我们可以说，这些命题的真或假，既是相对于不同的可能世界而言，也是相对于不同的不可能世界而言。"2+2=4"和"单身汉未婚"这两个命题之所以不同，是因为它们的真是相对于"不同"的不可能世界而言的。关于这个思路，见 Jago（2014）。

2 见 James（1983：220）。

3 见 James（1983：219-220）。

4 我选择和詹姆斯同样的做法，对这一主张加以限制，使其成为一种倾向，而不是必然。这个区别并不会对任何事情产生重要影响。

5 有用的讨论见 Dainton（2000/2006）、Bayne 和 Chalmers（2003）、Tye（2003）以及 Bayne（2010）。

6 见 Dainton（2000/2006），了解对它的挑战。

7 参见"没有一种心理状态有任何持续时间"这句话及相关的讨论（James，1983：224）。

8 参见"一旦过去的状态消失，就不可能再次出现并与之前完全相同"这句话及相关的讨论（James，1983：224）。

9 参见"我们都认识到我们的意识状态可分为不同的主要类别"这句话及相关的讨论（James，1983：224）。

10 见 James（1983：224）。

11 见 James（1983：224-225）。

12 见 James（1983：225-230）。

13 见 James（1983：231）。

14 "如果在 t 周围有任何间隔"这一条件，旨在排除一个人只是刚刚意识到的情况或一个人即将陷入无意识状态的情况。詹姆斯也讨论了这些案例，但是它们与我目前的关注点并不相关。

15 就像关于"同步统一性"的讨论一样，我在这里也跟随詹姆斯的做法，对这个主张进行限制，使其成为一种倾向性而不是必然性的说法。同样，这个区别并不会对任何事情产生重要的影响。

16 关于有帮助的讨论，请再次参阅 Dainton(2000/2006)、Bayne 和 Chalmers（2003）、Tye（2003）以及 Bayne（2010）。

17 见 O'Shaughnessy（2000：44）。

101

18 见 O'Shaughnessy（2000：43）。

19 见 O'Shaughnessy（2000：47）。

20 没有重复发生似乎与此是不相关的。

21 见 Geach（1969）。

22 见 Geach（1969：35）。

23 见 Geach（1969：35-36）。

24 为了合理起见，这个主张必须与思想的实例及其组成部分有关，而不是与思想的类型及其组成部分有关。

25 见 James（1983：269）。

26 见 James（1983：269）。

27 见 Dainton（2000/2006）。

28 请参见 Bayne 和 Chalmers（2003）以及 Bayne（2010）。

29 这一部分确实提出了一个问题：吉奇究竟认为何种元素构成了詹姆斯式的意识流？这是一个学术性的问题，我在这里不会深入探讨。那段晦涩的"时间部分"段落可能在任何这样的研究中都会扮演重要角色。

30 见 Soteriou（2007）。绍特里欧并没有将自己展示为不可还原的认知现象学的批评者。但是，他的论文中有一种思路似乎确实在通过支持像"载体代理"这样的命题来挑战不可还原性，至少在有意识思想被狭义解释的情况下是如此。参见 Bayne 和 Montague（2011：26）、Tye 和 Wright（2011：341ff）。

绍特里欧在他的书（Soteriou，2013）中提出了相同的论证思路，但是我将借鉴他早期的研究，因为那里的讨论更加集中。

31 Soteriou（2007：550）认为"关于心智现象其意识层面的独特之处在于，它们具有本体论特征这个事实，使它们适合在意识流中出现，具有成为意识流一部分的特征"。

32 Soteriou（2007：548）认为"在意识流的隐喻中，隐含着这样一种观念：构成意识流的心智方面必须以某种方式随着时间的流逝而展开，而心理状态（如信念）则不会以此方式展开"。

33 见 Soteriou（2007：547ff）。

34 Soteriou（2007：558）认为"在现象上有意识的心理状态指的是那些状态，它们的存在要求有现象上有意识的心理事件或者过程的出现"。

35 Soteriou（2007：547）认为"所有这些都指向这个结论，即'判断 p'是一项成就，而对一项成就所确定的意义的合理解释是，它被用来标记一个瞬时事件，该事件是状态的某种变化。因此得出这样的结论，即判断的心理行为缺失持续时间"。

36 见 Soteriou（2007：544ff）。

37 特别见 Soteriou（2007：562）。

38 见 Soteriou（2007：560-562）。

39 Soteriou（2009）。有关 Soteriou（2007）的观察也适用于此。就是说，尽管绍特里欧没有将自己展示为不可还原的认知现象学的批评者，但他的论文中有一条思路似乎确实从意识思想的方面对此提出了挑战。尽管绍特里欧在他的书（Soteriou，2013）中提出了相同的论证思路，但是我将借鉴他早期的研究，因为那里的讨论更加集中。

40 Soteriou（2009：238）说道："这可能表明，我们应该对构成一个人的有意识思想的心理事件或行为为何是有意识的进行某种更高阶的解释。"这是绍特里欧在他的论文中提出并假设的建议，适用于他论文的其余部分。

41 Soteriou（2009：238）说道："如果我们要接受这种观点，即一个主体在有意识地思考时显然可以在做某事，那么似乎高阶状态的对象必须包括事件，而不仅仅是其他心理状态。"绍特里欧还援引奥肖内西的观点来支持（2）。

42 Soteriou（2009：239）说道："这可能表明，在有意识的心理行为的案例中，高阶状态的对象必须是一个具有持续时间的心理事件，而不仅仅是获得了内容和状态而没有其他特征的心理事件而已。"

43 见 Soteriou（2009：238）。

44 Soteriou（2009：241）说道："如果我们以判断 p 的心理行为为例，将其看成是涉及有意识思想的心理事件类型，那么它似乎不是那种可以在时间中展开的事件。它不是那种具有持续时间的心理事件。"

45 见 Soteriou（2009：242）。

46 见例子 Armstrong（1968）、Lycan（1996）以及 Rosenthal（1986）。

47 见例子 Dretske（1993）、Chalmers（1996）以及 Siewert（1998）。

48 见例子 Kriegel（2009）、Thomasson（2000）以及 Kriegel 和 Williford（2006）第一部分中收集的论文。

49 见 Dennett 和 Kinsbourne（1992）。

50 见 Tye 和 Wright（2011）。

51 见 Tye 和 Wright（2011：341-342）。

52 Tye 和 Wright（2011：342）说道："用持久性的语言来说，思想是持久的（思想在它们存在的每个时刻都是完整的存在），但是与过程不同，它们不是持续性的存在（或者说，它们存在于时间中，是由于在存在的每个时刻都具有不同的部分）。"

103 53 Tye 和 Wright（2011：342）说道："然而，人们可以认为在一段时间内红葡萄酒是令人愉悦的，而且思考'红葡萄酒是令人愉悦的'这个体验，似乎可以以连续的方式在人的心灵中展开。"

54 这一行动取决于不将"X 是一个现象上有意识的思想"和"X 是一个思想并且 X 是现象上有意识的"等同起来。比较一下："X 是一只假鸭子"与"X 是一只鸭子而且 X 是假的"是不一样的。一个人所采用的对"X 是一个现象上有意识的思想"的具体的替代理解将取决于他的理论观点。有关示例，请参见注释 56。

55 Tye 和 Wright（2011：342）说道："如果不是思想的话，那么随着时间推移展现出来的是什么呢？一个明显的提议是，伴随着思想而来的是那些……正如我们所看到的，这些东西包括语言、音韵和拼写图像的展开，以及一个人思考思想时可能伴随的心理意象。"

56 泰伊和赖特并没有强调，从持久的现象上有意识的思想推广到所有现象上有意识的思想这个情况，但是从他们的讨论中可以明确看出他们接受这一观点。（5）给我们提供了注释 54 中提到的那种理论。根据这个理论，"X 是一个现象上有意识的思想"将等同于"X 是一个思想，而且 X 与一个现象上有意识的感觉载体相关联"。有人可能会担心，这种说法暗示着既使是现象在场命题也是错误的。

拓 展 阅 读

詹姆斯在 James（1983）中讨论了"思想之流"。吉奇在 Geach（1969）中批评了詹姆斯。Soteriou（2007，2009，2013）以及 Tye 和 Wright（2011）提出了关于认知现象学的论证，这些论证引用了吉奇对詹姆斯的批评。关于思考意识统一性的有用起点见 Dainton（2000/2006）、Bayne 和 Chalmers（2003）、Tye（2003）以及 Bayne（2010）。

第五章　独　立　性

回想起来，独立性是指这样的命题，即一些认知状态会使人处于独立于感觉状态的现象状态——也就是说，这些现象状态既不必然包含也不必然排除感觉状态。到目前为止，我们已经注意到了关于独立性命题的两件事。

第一，在引言中，我指出不可还原性在逻辑上并不包含独立性命题。假设 P 是一种不可还原的认知现象状态。由此断定，没有完全的感觉状态满足它的需要。但这并不意味着任何一种完全的认知状态都满足它的需要。P 可能在本质上既是认知的，同时也是感觉的。在这种情况下，P 应该是一种现象状态，不可还原性而不是独立性，更加适合对它进行描述。

第二，在第二章中，我指出独立性命题至少是有疑问的。如果独立性命题是真的，那么在缺乏任何感觉现象状态的情况下，认知现象状态仍可能是存在的。克里格尔的"佐伊论证"旨在证明这种纯粹认知现象状态的存在。但我们发现，这个论证依赖于一个关于现象对比的可疑前提，这个现象对比仅仅是在一对假想的案例中被假定的，而不是从自己亲身经历中提取的一对案例中观察到的。

本章的目的是考察这样一种观点，即虽然不可还原性在逻辑上并不意味着独立性，但独立性的问题却依然影响着不可还原性。我区分了两种不同的论证策略。普林茨跟踪探讨的是第一种。我称之为额外模态论证，其基本观点是，正如各种感觉方式是彼此独立的一样，如果存在多种认知现象状态，那么它们就形成了一类独立于感觉模态的认知模态。亚当·鲍茨提出了第二种策略，我称之为缺失性解释论证，其基本观点是，在没有特殊理由指示不同的现象状态存在依存关系的情况下，应该假定它们是独立的。

本章计划如下。在第一节中，我介绍了普林茨的额外模态论证。在第二节（"感觉和认知状态的相互依赖"）中，我提出了一些理由来质疑这种观点，即如果存在各种认知现象状态，那么它们就形成了独立的认知模态。在第三节中，我介绍了由鲍茨的研究提出的缺失性解释论证。在第四节（"现象整体论"）中，我仔细考虑了一个可能性解释，即为什么在多数情况下认知现象状态不独立于感觉现象状态而存在。

第一节 额外模态论证

普林茨给出了反对认知现象状态存在的论证——他称"认知现象状态"为"独特的认知现象特性"。

形状、声音和气味都可以被重新结合起来，而且当条件合适时，它们被体验到而不需要其他有意识的特性，比如在高度集中注意力的条件下。如果存在独特的认知现象特性，那么就没有理由假定它们在这方面是相同的。我们应该能够个别地体验它们……[但是]我没有遇到过任何令人信服的例子，即无意象的、不动感情的、无语言的、有意识的思想。如果有认知现象学，例子应该是丰富的，就像我们可以很容易地在脑海中想象无尽的海岸线和旋律一样。[1]

普林茨的论证令人担忧的一点是，它没有明确区分现象状态的对象的组合（形状、声音和气味）和现象状态本身的组合——视觉、听觉和嗅觉表现。然而，普林茨的意图是明确的。不同感觉模态中的现象状态是彼此独立的。如果认知现象状态是存在的，那么就会形成一个与感觉模态非常相似的类别。所以，如果不可还原性是真的，那么独立性就是真的。但从我们能观察和想象到的情况来看，我们有理由怀疑独立性。所以我们有理由怀疑不可还原性。

人们可能会对不同感觉模态中的现象状态相互独立的说法表示疑虑。当然，有些人能听到却看不到，也有些人能看到但听不到。但是，也许那些虽能听到但看不到的人的听觉现象状态，与那些既能听到又能够看到的人的听觉现象状态有微妙的不同。同样地，也许那些虽能看到但听不到的人的视觉现象状态与那些既能看到又能听到的人的视觉现象状态也有微妙的不同。在一个经典的研究中，哈里·麦格克（Harry McGurk）和约翰·麦克唐纳（John MacDonald）证明了一个人看到的内容可以影响他所听到的内容。[2] 例如，如果你看到某人的口型像要发出/ga-ga/的音节，而实际上他发出的是/ba-ba/的音节，那么你听到的可能是/da-da/的音节。

然而，这种影响可能只是纯粹的因果关系。视觉和听觉过程共同导致你处于一种听觉现象状态，而不是处于另外一种状态。但这并不表明，一个人不能以不依赖于任何视觉现象状态的方式进入同样的听觉现象状态。比如，你可能仅仅是听到"da-da"的声音。如果没有进一步的考虑，普林茨声称感觉模态相互独立的说法，似乎是令人信服的。

在下一节里，我会考虑这个主张，即如果存在认知现象状态，那么它们就

106

会形成一个类别，这个类别非常相似于一个额外的感觉模态。

第二节　感觉和认知状态的相互依赖

让我们假设不可还原性是真的，并且存在认知现象状态。本节的目的是探讨这些状态与感觉状态之间可能存在的依赖关系。我将简要概述一些理由，以说明典型的认知现象状态依赖于感觉状态，而在现象上有意识的认知背景下发生的感觉状态又依赖于认知现象状态。如果这些理由令人信服，我们就应该拒绝如下主张，即我们假设存在的认知现象状态必定形成一个与额外的感觉模态（sensory modality）相关的类别。而且，这种主张削弱了额外模态的论证。

107　　考虑一些典型的认知现象状态。这里有一些例子：

- ·与理解一小段演讲有关的现象状态。
- ·与领悟使用图表的几何证明有关的现象状态。
- ·与通过视觉化一个形状来直觉几何真理有关的现象状态。

这些认知现象状态本质上也是部分感觉现象状态。理解演讲需要对演讲进行感官呈现。领悟使用图表的几何证明需要对图表进行感官呈现。而且，通过视觉化一个形状来将几何真理直觉化也需要对形状进行感官呈现。一旦考虑到这些例子，典型的认知现象状态依赖于感觉状态的主张就变得显而易见了。承认这一点并不削弱这些状态是不可还原的认知状态的观点，但它确实削弱了这些状态是纯粹的认知状态且独立于感觉状态的观点。

人们可以通过以下两种方式来进行回答。

首先，有人可能会争辩说，理解、领悟和直觉的例子可以分为两个可分离的部分。其中一个是感觉组成部分，另一个是相关的认知组成部分。这种复合状态显然在某种程度上是可感觉的。但这仅仅是因为它是一种复合状态，而不是因为它的认知部分本质上与感觉部分捆绑在一起。

其次，一个人可能会勉强承认，一些认知现象状态本质上也是感觉的，但是也会指出，如果不可还原性命题是真的，那么也应该存在纯粹的认知现象状态，即它可能发生在缺失任何感觉状态的情况下。即使认知现象状态的整体类别没有形成一个种类，就像一个额外感觉模态一样，也许认知现象状态的某些特殊子集形成了这样一个类别。人们可能相信，正是这个特殊子集中隐含的可能性（而非现实性）和孤立个体的不可想象性，为普林茨的论证提供了力量。

这两个回答都为不可还原性的支持者赋予了更多的承诺，超出了逻辑上从不可还原性中可以得到的结论。因此，为了更有说服力，它们应该补充一些考虑因素，以清楚地说明为什么任何人都应该为不可还原性增加这些额外的承诺。

在我看来，第一个回答在这里似乎遇到了一个问题。对理解、领悟和直觉的例子进行的朴素反思，并没有使人认识到，它们都是由可分离的感觉和认知成分组成的复合状态。因此，如果我们要以这种方式分析它们，那么我们就需要这么做的一些特殊理由。第一个回答并没有立即给出这样的理由。所以，它至少是不完整的。

第二个回答的基础更为牢固一些。考虑伴随有命题态度结构的有意识认知状态——狭义的有意识思想，在前一章（边码 79-80）中被单独隔离出来。这些认知状态包括判断、假设、考虑和回忆。与理解、领悟和直觉的例子不同，狭义上的有意识思想并不明确涉及任何处在感觉状态的事情。因此，如果与感觉状态之间存在某种联系，它也是一个不明显的联系。也许进一步的思考将会发现这样的联系。我会在下面回到这个问题。现在我想指出的是，即使根据普林茨给出的各种理由，狭义上的有意识思想具有不可还原的认知现象特征这种观点也被证明是有问题的，但这并不削弱不可还原性的合法性，因为仍然存在更广泛的有意识的认知状态系列。

现在让我们考虑另一方面的依赖性，即是否存在依赖于认知状态的感觉状态？在这一节的剩余部分，我会考虑肯定回答这个问题的理由。有些感觉状态取决于认知状态，它们属于认知状态的一部分。这是一个部分依赖于它所属的整体的例子。从格式塔心理学家的工作开始，这种观点是常见的。格式塔理论的思想也将在第四节（"现象整体论"）中发挥重要作用，在这里介绍一些相关的机制将是有益的。

想想韦特海默（Wertheimer）关于格式塔心理学的著名总结：

> 格式塔理论的基本"公式"可以这样表述：整体是存在的，其整体行为不是由其中的单个元素的行为决定的，相反，部分过程本身是由整体的内在本质决定的。[3]

韦特海默提出了两个主张。第一个是消极的主张：一些心理状态（整体）存在某些属性，这些属性不能通过作为部分的其他心理状态的组合来解释，而这些心理状态（部分）也有自己的某些属性。第二个是积极的主张：存在一些心理状态（部分），它们的某些属性通过它们在构成其他心理状态（整体）中所起的作用来解释，而这些整体的心理状态也有某些种类的属性。这些主张需要进行进一步的阐述：如果存在缺乏部分的心理状态，那么消极的主张就没有大的意义；如果部分的"某些属性"的其中之一就是作为整体的一部分的属性，那么积极的主张就显得毫无新意。格式塔心理学家并没有费心制定免于这些担忧的原则。他们的主要议题是发展心理学解释。而且，在引用的段落中，韦特海默的目的是强调他们所追求的解释类型的某种特征：这些解释可以被我们称为下行心理学解释——它们通过部分所组成的整体的属性来解释部分的属性。

为了确证这些想法，我们举一个例子。[4]请看图 A 和图 B：

A   B

以下是被试者在观看这些图片时，通常具有的关于视觉体验的两个事实：

·在 A 中，菱形看起来像是两个六边形重叠的区域，而不像是刻在 11 边形中的图形。

·在 B 中，菱形看起来像是刻在一个六边形中的图形，而不是两个六边形重叠的区域。

经过反思和进一步研究，人们可能会很自然地把图 A 中的菱形看作是刻在 11 边形中的图形，而图 B 中的菱形则被看作是两个六边形重叠的区域。但这不是通常发生的情况。为什么？韦特海默提出的解释引用了简洁法则（Law of Prägnanz）——"心理组织将总是尽可能'好'，以适应当前条件的要求"，其中"这个术语'好'没有被定义"，但它"包含了规则性、对称性、简单性等诸如此类的属性……"[5]以下是在解释人们对图 A 和图 B 的典型反应时，如何诉诸该规则的概述：两个重叠的六边形比一个 11 边形简单，因此根据简洁法则，这就是我们的视觉状态如图 A 那样组织刺激物的原因；一个六边形比两个简单，所以根据简洁法则，这就是我们的视觉状态如图 B 那样组织刺激物的原因。撇开这是不是一个好的解释，以及简洁法则是不是一个真正的心理学定律的问题。这个例子的重点在于说明格式塔心理学家所偏爱的那种下行心理学解释：整体的属性（组织上更加简单）解释了部分的属性——菱形的外观呈现的方式。

格式塔心理学关注的是提供心理学解释。这些解释不一定需要揭示现象状态的本质属性。但格式塔理论的观点可以以另一种方式被引用，以便准确地解

110

决现象状态的本质属性问题。我们可以称这个项目为格式塔现象学，以区别于格式塔心理学。

心理学家如韦特海默、考夫卡（Koffka）和科勒（Köhler）除了认可格式塔心理学之外，还认同支持格式塔现象学。但哲学家阿伦·古尔维奇（Aron Gurwitsch）在促进格式塔现象学方面做得更多。以下是他讨论其主要原则的一段内容。

［（a）］正是一个格式塔结构中任何一部分的功能意义，使这一部分成为它之所是。这个部分只有成为格式塔结构的一个组成部分，并被整合入其整体中才具有其本质特征。因此，格式塔的任何部分都可以说是通过其功能意义来确定其存在的，也就是说，该部分只存在于其功能意义中，并由其来定义。［（b）］在一个具体情况中，格式塔结构中的任何部分之所以是其所是，是因为该部分具备一定的属性和特征，而该部分的属性和特征是根据它的功能意义，以及与格式塔结构的融合来规定的。这些确定的属性和特征只有在被讨论的部分完全融入整体并保持的情况下，在其所适用的范围内才有效。[6]

我把这段文字分成（a）和（b）两部分。在（a）部分中，古尔维奇说，一些部分的现象状态形而上学地依赖于——可能仅仅只存在于——整体的现象状态；格式塔是结构良好的整体现象状态，拥有诸如此类的形而上学地可依赖的部分。在（b）部分中，古尔维奇说，有一些"特征"即现象特征，只有当它是某个特定整体的一部分时，它才能成为一个现象状态的合格特征。

一方面，把（a）和（b）两部分结合在一起，是考虑到所有的现象状态本质上都有各自的现象特征。我们一直在进行这个假设，并且古尔维奇似乎也欣然接受。另一方面，他——以及格式塔现象学的其他支持者——有时候确实会说好像有一些部分的现象状态，它们在某个整体的现象状态中以一种方式去感受，而在另一个整体的现象状态中却以另一种方式去感受。例如，回到我们看图形 A 和 B 时通常所处的视觉状态——可以称它们为状态 A 和状态 B。假设状态 A 实际上发生了，状态 B 可能已经发生了，并且重点关注状态 A 中的"菱形-呈现部分"。考虑以下关于这一呈现部分的三个不同主张：

（1）它可能一直是 B 的一部分。

（2）如果它是 B 的一部分，它就会有不同的现象特征。

（3）它本质上有自己的现象特征。

这三种说法是互相矛盾的。我假设（3）是不可妥协的。（2）似乎是合理的——如果"菱形-呈现部分"是状态 B 的一部分，那么它就会把菱形呈现为一个内嵌图形，而不是一个重叠区域。因此，应该被放弃的是主张（1）。实际上

111

并不存在一个局部现象状态，它既是状态 A 的一部分，同时又可能是状态 B 的一部分。我们最多只能说，如果状态 B 发生了，它将会有一个"菱形-呈现部分"，而这个部分与状态 A 的"菱形-呈现部分"在现象上非常相似。

让我们这样来阐述格式塔现象学的主要命题：

格式塔主义：一些部分现象状态依赖于它们所属的整体现象状态。

再考虑一下上面讨论过的现象状态 A 和 B。A 中的"菱形-呈现部分"将菱形表示为一个重叠区域。B 中的"菱形-呈现部分"将菱形表示为内嵌图形。这些是现象上的差异。所以这两个"菱形-呈现部分"是不同的现象状态。根据格式塔心理学家的观点，"菱形-呈现部分"的现象状态只能作为部分出现，而这个部分在构成某种整体视觉的现象状态中有着独特的作用。为什么要提出这个额外的声明呢？主要的理由是，我们不可能想象出一种视觉上的现象状态，它被证明就像 A 中的"菱形-呈现部分"一样；或者如图 B 中的"菱形-呈现部分"一样，同时却不是一种整体现象状态的一部分，这种整体现象状态至少在很大程度上类似于 A，或者至少在很大程度上类似于 B。我们的想法是，我们应该把想象这种部分现象状态的不可能性作为不可能存在这种部分现象状态的证据。因此形成了格式塔主义。

112　　　考虑一些其他的例子。比较下面的图：

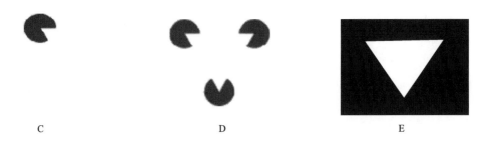

C   D   E

比较图 C 中馅饼看上去的样子与图 D 中左上角馅饼的样子。在图 C 中，馅饼看起来像是被切掉了一个楔形部分的馅饼。在图 D 中，馅饼看起来像一个被三角形部分遮挡的馅饼。现在比较图 D 中的三角形和图 E 中的三角形。图 D 中的三角形看起来像是放在三个馅饼之上。图 E 中的三角形看起来是从一块黑色的补丁上切割出来的。我指出的差异是现象的差异。更进一步说，它们似乎来源于各自的部分现象状态在构成它们所属的整个现象状态中所扮演的角色。让我们把注意力集中在图 D 上。根据格式塔主义者的观点，在我们关于图 D 的视觉呈现中，左上角的馅饼呈现部分具有一种现象特征，这种特征只有处于在相似的整体视觉状态中扮演相似角色的部分视觉状态中才能拥有。支持格式塔主义观点的主要原因，依然在于无法想象视觉状态单独存在，或者作为相当不同的整体视觉状态的一部分会具有相同的现象特征。

请考虑并观察与以下两个图形相关的视觉现象状态：

F 中的三角形看起来像是指向三个方向中的任何一个。G 中最左边的三角形可能看起来也是指向三个方向中的任何一个，但是有一种倾向是它好像指向整个图 G 的对称轴。考虑两种视觉状态：一个是"F-状态"表征 F 中的三角形指向右侧，另一个是"G-状态"表征 G 中最左边的三角形指向整个图 G 的对称轴，即指向右侧。对于 G 这个状态，可以很自然地说，由图 G 的整体决定的对称轴，有助于使图 G 中最左边的三角形看起来指向右侧。这说明整个视觉状态是一个格式塔。

在"F-状态"和"G-状态"之间有相似之处。关注"F-状态"中的三角形呈现部分和"G-状态"中最左边的三角形呈现部分。这两种局部的现象状态都呈现出一个指向右侧的正三角形。尽管如此，局部的"F-状态"和局部的"G-状态"仍然是不同的现象状态。为什么？似乎合理的解释是，因为每种部分现象状态呈现三角形方向的方式不同。考虑一下指向右侧的属性。我们的两种部分现象状态都表现出这种特性。但是它们的呈现方式不同。似乎可信的是，这源于它们使用了不同的参照系这一事实。部分的"F-状态"表现出指向右侧的属性就如同指向钟表上 3 点钟的属性，部分的"G-状态"表现出指向右侧的属性就如同指向图 G 整体对称轴方向的属性[7]。3 点钟并没有比 7 点钟或 11 点钟更明显。很可能这就是部分的原因，即表征三角形指向 3 点钟的"F-状态"发生的可能性，不比可供替代的表征三角形指向 7 点钟或者 11 点钟的可能性更大。然而，G 的对称轴是图 G 的一个易被识别的显著特征。这似乎部分地解释了为什么表征最左边三角形指向 G 的对称轴的"G-状态"，比表征最左边的三角形指向其他可能方向的替代方案更有可能出现。这种关于部分现象状态的思考方式，表明它们的现象特征是如何与它们所出现于其中的更

113

大的现象状态密切联系在一起的。

与观察图 D 相联系的格式塔现象状态和与观察图 G 相联系的格式塔现象状态，都真实地表明了古尔维奇所称作的不同的"格式塔联系"的内容。[8] 这种差异以后会变得很重要，值得我们进一步探讨。

考虑鲁宾酒杯-人面图（Rubin's goblet profile figure）的例子：

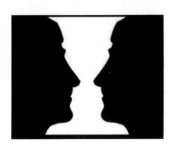

114　　构成鲁宾酒杯-人面图的物理图像，引发了两种不同的整体现象状态。这两种现象状态都由两个部分组成：一部分将某物表征为图形，另一部分将某物表征为背景。然而，这两种现象状态在所表征的图形和背景方面有所不同。在其中一种状态中，你的现象状态的图形部分表征两个黑色的面孔，而你的现象状态的背景部分则表征一个白色的区域。在另一种状态中，你的现象状态的图形部分表征一个白色的酒杯，而你的现象状态的背景部分则表征一片黑色的区域。有理由认为这两种现象状态都是格式塔。比如，以一个酒杯被表征为图形部分的现象状态为例。这种现象状态的图形部分的现象特征，依赖于其出现在包含背景部分的整体现象状态中的情况。[9]

然而，相对于与观察图 D 相联系的现象状态，这种现象状态与观察图 G 相联系的现象状态更加相似。原因在于，正如你可以在不同的参照系中表征相同的方向，你也可以在不同的背景下表征相同类型的酒杯。

以下是古尔维奇在其著作《意识的领域》中所说的：

鲁宾的图形是独立于背景的，因为它们的实际位置看起来是偶然的和非固有的。每个这样的图形都似乎可以在它实际出现的背景上移动，并且可以从一个背景移动到另一个背景（例如，把一个黑色图形从一个白色背景移动到红色背景），而不会对其现象同一性造成任何损害。[10]

这看起来似乎令人费解。（a）表征一个白色酒杯的图形现象状态，可以与表征不同背景的不同背景现象状态重新结合起来，而"不会对它的现象同一性有任何损害"，并且（b）这个图形现象状态作为部分存在于其中的整个现象状态是一个格式塔。这两种情况怎么可能都是真的？答案是，古尔维奇所说的"现象同一性"并不意味着全部的现象特征。他指的是一种不同的东西，即现象特征的部分决定因素。

让我们来识别和区分现象特征的两个方面。[11] 我将第一个方面称为*现象意识内容*。这是指呈现某些事物和属性的特性。与观看图 C 相联系的现象状态和在图 D 中呈现左上角馅饼的部分现象状态是明显不同的，这是由于它们在现象意识内容上的不同——一个呈现的是缺少一个楔形部分的馅饼，另一个呈现的是被一个三角形遮挡的馅饼。我将第二个方面称为*现象意识方式*。这指的是以某种方式呈现某些事物和属性的特性。与观察图形 F 相关并且将三角形视为指向右边的现象状态和在图形 G 中将最左边的三角形呈现为指向右边的部分现象状态是完全不同的，因为它们在现象意识方式上存在差异，即两者呈现的都是指向右侧的属性，但它们的呈现方式不同。

一种现象状态的现象特征包括两种类型的现象特征。古尔维奇在谈到"现象同一性"时他头脑中所想的是某种现象状态的现象意识内容，而不是现象状态的全部现象特征——既包括它的现象意识内容，也包括呈现现象意识内容的现象意识方式。[12] 所以，古尔维奇关于鲁宾酒杯-人面图的观点可做如下表述：表征一个白色酒杯的两种图形现象状态，和表征不同背景的背景现象状态结合起来，可以拥有相同的现象意识内容。但是，以图形现象状态为部分的整体现象状态仍然是格式塔的，因为对于它们的准确的现象意识方式而言，这种图形现象状态依赖于它们作为部分所属于的那种整体的现象状态。这种观点是说，表征一个白色酒杯的图形现象状态以一种独特的方式表征了一个白色酒杯，这种方式取决于使这个酒杯鲜明地挺立起来的那个独特的背景。[13] 这个背景就像一个参照系一样。

现在我们可以说出古尔维奇区分的两种格式塔连接的类型。在一种类型中，一种部分的现象状态取决于整体的现象状态，它的现象意识*内容*也属于整体的一部分。而在另一种类型中，一种部分的现象状态取决于整体的现象状态，它的现象意识*方式*也属于整体的一部分。在这两种类型中，每种部分现象状态都依赖于其所属的整体的现象状态——不同之处在于，这个依赖关系的本质不同。

到目前为止，我们只考虑了感觉整体和它的感觉部分。现在让我们考虑一个有感觉部分的认知整体。

现在考虑下面的证明，即前 n 个正整数的和是 $n\times（n+1)$ 的一半。

证明：前 n 个正整数可以用三角形的点阵列表征，如左图所示：

115

116

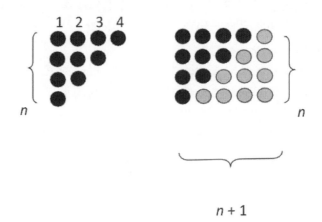

其中两个三角形阵列可以组合在一起形成一个包含 $n \times (n+1)$ 个点的矩形阵列，如右图所示。每个三角形阵列是矩形阵列的一半。所以，前 n 个正整数的和是 $n \times (n+1)$ 的一半。

领悟这个证明是一种现象意识认知状态。这种认知状态的一部分是一种特定的视觉状态——这种视觉状态类似于当你看到下面展示的一组点阵时所处的视觉状态。

虽然这两种视觉状态——呈现纯粹阵列的视觉状态和作为领悟证明的一部分所发生的视觉状态——是相似的，但我发现它们之间存在现象差异。也就是说，作为领悟证明的认知状态的一部分时我所处的视觉状态，在现象上似乎与在独立于领悟证明的认知状态时我所处的视觉状态有所不同。关于如何最好地解释这种差异，人们可能有不同看法，但这里我想说的是在领悟证明的背景下阵列是如何呈现给我的，而不会说纯粹阵列是如何呈现给我的——它似乎是一个更大结构的一部分。

作为领悟证明的现象上有意识的认知状态的一部分，呈现阵列的视觉状态的出现具有独特的现象特征。从内省角度看，很多事情看起来都是显而易见的。进一步的主张是，这种视觉状态的现象特征取决于领悟证明的认知状态——这

117

种视觉状态是认知格式塔的一部分。基于与上文所述同样的理由，在我看来这似乎是合理的，我无法想象一种现象上完全相同的视觉状态，独立于一种更大的现象上有意识的认知状态而发生，即领悟证明的认知状态。当我尝试时，我最终会想象出一种在现象上与我看到纯粹的阵列时发生的状态相似的视觉状态，而这显然是一种在现象上不同的视觉状态。

这意味着，发生在现象上有意识的认知背景下的感觉状态依赖于认知现象状态。这为我们提供了进一步的证据来反驳一种主张，即如果存在认知现象状态，那么它们就会形成一个类似于额外感觉模态的类别。

第三节　缺失性解释论证

亚当·鲍茨提出了关于不可还原性的两个难题——他把不可还原性命题称作"CP 存在论"，"CP"指的是不可还原的认知现象学。第一个难题是关于认知现象状态脱离感觉状态的可能性的。他是这么说的：

> 首先，我的论证是针对 CP 存在论提出的质疑，并且分为两个步骤。如果认知感受性是存在的，那么它在现实世界中就是具身的，就此而言，它一定伴随着感觉属性，包括对拥有身体的体验和在这个世界上行动的体验。我的论证的第一步明确指出，如果存在不同于所有感觉属性的认知现象属性，那么离身的认知感受性案例应该是可能的，并且我们确实应该能够积极地想象它们。在这样的案例中，据说我们拥有丰富的现象生活，它与我们现实的现象生活相重叠，因为我们拥有与现实世界中相同的全部的认知现象属性；但我们的认知现象属性是"离身的"，就此而言，它们不伴随任何*感觉*属性。
>
> 我的离身认知感受性论证（反对 CP 存在论的命题）的第二步是说，我们无法积极地想象这样一个案例。至少我无法做到这一点。试试看，如果 CP 存在论命题是真实的，那么在这样的案例中，我们有一个丰富的现象生活，与我们现实的现象生活重叠，只是它完全是非感觉的。但这将会是什么呢？你能够想象这种部分重叠的现象学吗？如果你试着想象它的样子，你可能会在想象中看到一片黑暗，体验一次内在语言（"什么都没有发生"），等等。但是那样的话，你就不会去想象一个你有认知现象属性却没有任何感觉属性的案例了。所以，CP 存在论命题对我们可以想象的东西，做出了一个*错误的经验判断*。[14]

这个论证和普林茨的论证是相似的，但也存在着一些差异。普林茨对不

118

可还原性的思考使我们有理由认为，在缺失任何感觉现象状态的情况下，我们可能处于认知现象状态。根据鲍茨的说法，对不可还原性的反思使我们有理由相信，我们可能处于与感觉现象状态结合在一起的认知现象状态，但实际上这些感觉现象状态或任何其他的感觉现象状态并不存在。这是一个更有力的主张。

我们可以这样描述它：

离身感受性前提：如果存在认知现象状态，那么就应该存在一对在现象上有明显不同的整体现象状态 T_1 和 T_2，其结果是：T_1 既包括感觉现象状态也包括认知现象状态，同时 T_2 在认知现象状态方面与 T_1 相同，但缺失所有感觉现象状态。

那么，鲍茨反对不可还原性的第一条推理思路是，如果以离身感受性作为前提，那么不可还原性意味着既不具有实现也不具有想象的可能性。

鲍茨提出的第二个难题是关于现象差异的可能性的，而这种差异完全是由认知现象状态的缺失造成的。他是这么说的：

第一步明确指出，如果存在认知现象属性，那么下列情况是可能的，而且我们确实能够*积极地想象它们*：（i）你拥有与实际情况下你所拥有的完全相同的感觉属性和功能属性，*但是*（ii）你的现象生活与你实际的现象生活有着深刻的不同，因为缺失你实际享受现象生活时的现象属性（即认知现象属性）。

论证的第二步是，我们无法肯定地想象这种情况。我们试着思考一下。假设在实际情况中，你听到一个朋友说"我们稍后去酒吧"，然后你很快形成了一个关于本地酒吧的形象，并随之询问时间。现在试着想象一个案例，该案例在所有感觉和功能方面都与实际情况完全相同，但同时在许多方面存在着极其明显的不同，原因是你缺失了据说在实际中拥有的认知现象属性。我真的做不到这些。[15]

这种推理的主要前提类似于那种离身感受性的前提，只是细节上略有不同。下面是我们关于它的构想：

缺失感受性前提：如果存在认知现象状态，那么就应该存在一对在现象上有明显不同的整体现象状态 T_1 和 T_2，其结果是：T_1 既包括感觉现象状态也包括认知现象状态，同时 T_2 在感觉现象状态方面和 T_1 相同，但是缺失所有认知现象状态。

鲍茨反对不可还原性的第二条推理思路是，如果给定缺失感受性的前提条件，那么不可还原性意味着，可能存在某些整体现象之间的差异，但这些差异在现实中既不能实现也无法想象。

鲍茨的离身感受性前提和缺失感受性前提扮演的角色与普林茨的假设相同，即如果存在认知现象状态，那么它们就会形成一种类似于额外感觉模态的类别。这些主张将不可还原性与独立性联系起来，或者与独立性相似的主张联系起来——比如那些在离身感受性前提和缺失感受性前提的后果中得到清楚说明的主张。它们的结果是，使不可还原性成为和独立性及其相关属性一样令人怀疑的问题。

关于离身感受性前提和缺失感受性前提，我们已经观察到了一些怀疑的理由。考虑一下与领悟前 n 个正整数的和是 $n \times (n+1)$ 的一半这一证明相关的认知现象状态，称之为 G。考虑一下与你看到的在证明中使用的点阵相关的视觉现象状态，称之为 S。当你领悟这个证明时，你处在一种包括 G 和 S 的整体现象状态，但并不存在一种只是包括 G 而没有 S 的整体现象状态。存在于状态 G 依赖于是否存在于状态 S。这使人们对离身感受性前提产生了怀疑。同样，不存在只包含 S 而不包含 G 的整体现象状态。在上一节中，关于格式塔理论的讨论和反思，使我们有理由相信存在于 S 的状态取决于 G 状态的存在。这使我们对缺失感受性前提产生了怀疑。

能够代表鲍茨的一个回答是，即使存在一些相互依赖的感觉和认知状态，如果不可还原性是真的，那么另外还应该存在一些独立的认知现象状态，并且这些状态既不能实现也不能想象。这与我们考虑过的代表普林茨的经典回答类似，而且这也再一次说明，这种独立认知现象状态的最佳例子是那些与狭义的有意识思想相关联的例子，如判断、假设、考虑和回忆。它们都没有感觉部分。而且，至少从表面上看，没有感觉状态与它们形成格式塔联系。在领悟了这个证明［即证明前 n 个正整数之和是 $n \times (n+1)$ 的一半］的情况下，就可以解释为什么它与相互依赖的感觉和认知现象状态联系在一起。但是，对于判断、假设、考虑和回忆的许多例子而言，似乎没有这样有帮助的解释。

鲍茨考虑了这种观点，即在这些情况下，在认知现象状态和感觉现象状态之间存在着直接而粗暴的、难以解释的相互依赖关系。[16] 但是，正如他所指出的，这是一种没有吸引力的观点。这说明，尽管对不可还原性的反思本身可能不会激发独立性或类于独立性的主张，但对不可还原性的反思和其他方面缺乏解释的情况依然会促使人们接受这些额外的结论。也许在某些认知状态和感觉现象状态之间，可能存在着部分-整体联系和格式塔联系。但是至少有一些认知现象状态——比如狭义上与有意识思想相关的状态——似乎它们应该是独立的存在：它们看起来好像不会具有与感觉现象状态有关的部分-整体联系或格式

120

塔联系。这两种认知现象状态之间的对比是显著的——一种看起来好像与感觉现象状态具有部分-整体联系或格式塔联系，另一种看起来则是独立的存在。这表明，除非有其他的解释，否则我们有理由假设独立性和类似于独立性的主张，适用于那些看起来应该是不同存在的认知现象状态。对于认为不可还原性和独立性一样值得怀疑的思想来说，这是一个缺失性解释论证。在下一节中，我要考虑一个可能的回答。

第四节　现象整体论

根据格式塔主义，一些部分现象状态依赖于它们所属的整体现象状态。在这一节，我将考虑现象整体论的命题，它强化了这一主张。我们可以把它表达如下：

121　　　**现象整体论**：所有部分现象状态都依赖于它们所属的整体现象状态。

现象整体论与离身感受性前提和缺失感受性前提是不一致的。

根据离身感受性前提，如果存在认知现象状态，那么就应该存在一对在现象上有明显不同的整体现象状态 T_1 和 T_2，其结果是：T_1 既包括感觉现象状态也包括认知现象状态，同时 T_2 在认知现象状态方面与 T_1 相同，但缺失所有感觉现象状态。但是如果现象整体论是真的，那么在 T_1 中发生的认知现象状态就依赖于 T_1，T_1 还包括感觉现象状态。因此，不可能有一个 T_2，它包含了现象上等价的认知现象状态，却不包括现象上等价的感觉现象状态。

根据缺失感受性前提，如果存在认知现象状态，那么就应该存在一对在现象上有明显不同的整体现象状态 T_1 和 T_2，其结果是：T_1 既包括感觉现象状态也包括认知现象状态，同时 T_2 在感觉现象状态方面和 T_1 相同，但缺失所有认知现象状态。但是，如果现象整体论是真的，那么在 T_1 中出现的部分感觉现象状态依赖于 T_1，T_1 还包括认知现象状态。因此，不可能存在一个 T_2，它包含了在现象上等价的部分感觉现象状态，却不包括现象上等价的认知现象状态。

现象整体论与独立性本身也是不一致的，至少当独立性被解释为关于实际的认知状态的时候是如此。根据如此理解的独立性，一些实际的认知状态使人处于各种与感觉状态无关的现象状态。但任何实际的认知状态都是与感觉状态一起相伴发生的。因此，如果现象整体论是真的，那么实际的认知现象状态取决于包括感觉现象状态在内的整体现象状态。所以，你不可能有独立于那些感觉现象状态之外的实际认知现象状态。

然而，现象整体论与在缺失所有感觉现象状态的条件下认知现象状态的可能性是一致的。这意味着——考虑到实际的认知状态的发生常和感觉状态连接在一起——这些认知现象状态从来没有真正发生过，而且也没有人知道它们是什么样子的。这一观点的意义在于，即使一个人确信不可还原性使我们有理由相信，在缺失所有感觉现象状态的情况下存在着认知现象状态，现象整体论则提供了一个解释，说明我们为什么不能想象这种认知现象状态。我们实际的认知现象状态可能无法为我们提供足够的想象资源。鲍茨论证的一个结果是，在缺失所有感觉现象状态的情况下，即使推断认知现象状态的可能性是正确的，在评估这种可能性时，依赖一个人可观察或可想象什么也可能是错误的。

因此，现象整体论对认知现象学的争论有着重要的影响。有什么理由相信它吗？在这一节的剩余部分，我将考虑一个支持现象整体论的论证，它源自古尔维奇的研究工作。

现象整体论可以被认为是一种主张整体现象状态是格式塔的观点。然而，如果在某一特定时间整体现象状态都是格式塔式的，它们与我们在第二节中观看图 D 时候的现象状态却不属于同样的类型。许多部分现象状态，并不依赖于它们作为部分所属于的整体现象状态的现象意识内容。假设某个随机的思想突然出现在你的意识中。它的现象意识内容依赖于它所处其中的整个现象状态是不太可能的，那么让我们假设它不依赖于此。尽管如此，它的现象意识方式可能取决于它发生于其中的整个现象状态。所以，整体的现象状态可能与你观看鲁宾酒杯-人面图时发生的格式塔类型相同，或者与你观看第二节的图 G 时发生的格式塔类型相同。这是古尔维奇为之辩护的观点。

它们与观察第二节中的图 D 时的现象状态并不属于同一类型。

古尔维奇的观点是在他的《意识的领域》一书中发展起来的，这本书还涉及许多我们在这里无法探讨的问题。我将把有关的观点归纳为四个论题。

（A）整体现象状态依次被分为主题、主题领域和边缘。

（A）的合理性取决于我们所说的主题、主题领域和边缘。下面是古尔维奇最初介绍的（A）：

我们将确立并证实这样一个命题：每个整体的意识领域都由三个域组成，每个域都有自己的特定类型的组织。第一个域是*主题*，它全面吸引了经验主体的心智，或者被常常表述为，它位于"他的注意力的焦点"。第二个域是*主题领域*，它被定义为与主题共同呈现的那些数据的总和，这些数据被体验为与主题物质上相关或相宜的，并形成了以主题为中心的背景或视野。第三个域包括与主题无关（尽管同时呈现）的数据，这些数据是总体的组成部分，我们提议称之为边缘。[17]

我将把主题、主题领域和边缘理解为是由现象状态组成的。一些现象状态是主题的一部分，它们表征主体关注的焦点。一些现象状态是主题领域的一部分，它们表征的事项或多或少与主体的关注焦点相关。一些现象状态是边缘的一部分，它们表征的事项与主体关注的焦点无关。

这种现象状态的划分具有一些表面上的合法性。然而，它在理论上有多大程度的用处，取决于如何进一步阐述。其余的论题提供了这种阐述。

（B）主题与主题领域的关系概括了图形与背景（根据）间的关系。

这是古尔维奇经常重复的东西。[18] 下面介绍了两条截然不同的概括路线。

第一条路线与现象意识内容有关。图形状态和背景状态（ground states）的现象意识内容，显示出一些特别独特的内容。回想一下上述的鲁宾酒杯-人面图。当物理图像的白色部分作为图形呈现出来时，它似乎有一个轮廓形式。当它作为背景呈现出来的时候，它似乎缺失一个轮廓；在这种情况下，两个黑色的面部似乎都有一个轮廓。同样的白色斑块在两种现象状态下都会出现，但是当它作为图形呈现和作为背景呈现的时候，它看起来的样子却是不同的。一般来说，图形状态表征轮廓，而背景状态则不是。

这种在现象意识内容上的差异是可以被概括的。当某物看起来有轮廓时，它看起来就是一个有凝聚力的个体。但是，有些东西可能被看作一个有凝聚力的个体，却不是根据它看起来有一个轮廓，因为它可能不是那种可以有轮廓的东西。例如，考虑一个音符。当某物看起来缺乏轮廓时，它会表现为某种不确定的东西。但是，有些事物可能表现为某种不确定的东西，却不是因为它看起来缺乏轮廓，而是因为它可能不是那种可以有轮廓的东西。例如，考虑一下在我们生活中，始终存在却很少被注意到的作为听觉背景的声音。

因此，用主题与主题领域的关系概括图形与背景的关系的第一种方式是这样的。主题现象状态把事物表征为有凝聚力的个体，领域现象状态则把事物表征为不确定的东西。这最后一点需要做一些说明。它并不是说好像主题领域中出现的东西都是同质的一样。假设你的听觉背景包括你的空调声音和邻居的狗叫声。这些声音听起来是不同的，但它们似乎也属于一种不明确的声音组合。这个不明确的组合是你听觉背景中的不确定因素。假设你正在收听新闻。你听到了一组声音，但它已不再是不确定的、模糊的声音组合。你听到的声音彼此之间有联系，并形成了一个有凝聚力的个体——新闻报道。

第二条路线与现象意识的方式有关。图形状态和背景状态由于其显著的特性而相互依赖。如上所述，它们并不依赖彼此的现象意识内容。相反，它们在方式上彼此相互依赖，且通过这些方式呈现了它们的现象意识内容。当你表征一个白色酒杯时，你所处的图形现象状态以某种方式呈现了这个白色酒杯——这种方式被其与一个特定背景的鲜明对比确定下来，这个背景是由你的背景现象状态表征出来的。类似地，当你表征一个黑色背景时，你所在的背景现象状态以某种方式表征了那个黑色背景——这种方式由其在一个特定图形后面所处的位置来确定，而这个图形是由你的图形现象状态来表征的。

这些在现象意识方式中的依赖关系可以被概括出来。我们可以这样概括：

你的主题状态（theme states）以现象意识的方式表征它们的内容，这种方式是被那些内容在特定背景中的显现所确定的，而这个特定背景是由你的领域状态（field states）表征的。[19]

你的领域状态以现象意识的方式表征它们的内容，这种方式是被那些形成了特殊关注焦点的背景的内容所确定的，而这个关注焦点又是由你的主题状态表征的。[20]

在这里，我用"背景"（context）①这个词来挑选领域现象状态的现象意识内容。这一概念是对作为环境的背景概念的一般概括。

做出这些概括的动机来自对诸多例子的反思。古尔维奇描述了一个涉及思想的例子。[21] 这里有你可能置身其中的两种不同的现象意识状态。在考虑探索时代伟大的地理大发现的背景下，你可能有意识地拥有了这个想法，即哥伦布在 1492 年发现了美洲。或者，在思考现代早期西班牙势力增长的背景下，你也可能会有意识地想起同样的事情。在每个例子中，哥伦布在 1492 年发现美洲的想法都是你的主题。不同之处在于主题领域。在第一个例子中，它是由关于地理知识增长的思想构成的。在第二个例子中，它是由关于早期现代政治的思想构成的。在这两个完整的体验之间有一种感觉上的差异。然而，这种感觉上的差异似乎并不能完全归因于你对地理知识增长的想法与你对早期现代政治的想法之间的差异。更确切地说，这种感觉到的差异存在于你关于哥伦布的想法中。根据古尔维奇的观点，我们可以说，根据它出现在其中的不同主题领域，它以不同的视角、光线或方向呈现给你。请注意，思想的内容仍然保持不变，不同的是你表征内容的方式。因此，这个例子说明了一个主题状态的现象意识方式

125

① context 和 background 都可以译为"背景"。background 一般指的是事情发生的自然环境或条件，而 context 所指称的对象要广泛得多，包括社会背景、文化背景、心理状态等，并且它常指的是事情发生的整体背景。——译者注

是如何依赖于领域状态的现象意识内容的，而这个领域状态又构成了它发生的背景。下面我将讨论领域现象状态的现象意识方式如何依赖以下主题现象状态的内容。

（C）主题领域中的现象状态相对来说或多或少都被体验为主题的中心。[22]

论题（C）告诉我们两件事情。首先，它告诉我们领域状态的现象意识方式如何依赖于主题状态的内容。现象上有意识的领域状态表征其内容的方式，取决于这些内容相对于现象上有意识的主题状态的重要性程度。下面是古尔维奇在他的论文中提出的想法：

> 基础（主题领域）围绕图形（主题）被组织起来。总有一个被给予的主题领域是围绕这个主题组织和定向的。任何被体验为适合主题领域的东西都具有"指向中心的特性"。[23]

126　　论题（C）告诉我们的第二件事情是，主题领域的现象状态可以按照其被体验到的比较中心性*排序*。

> 并不是所有适合于基础的事项都与图形有相同的联系。物质上的关系可能与其他的关系存在着不同：例如，它们可能或多或少是相近的。除此之外，主题领域各组成部分相对于主题所处的位置也有变化……通过这种方式，在主题领域内根据其事项和主题间更紧密和更松散的物质联系，划分出更近和更远的区域。[24]

一个领域状态相对于主题的中心性程度似乎能够以不同的方式确定。

一种方式是通过主题状态的焦点和主题领域的事项之间的空间关系。假设你要检查一所房子，它从周围的环境中突显出来。你对这个房子的体验就是你的主题现象状态。你对周围环境的体验就是你的领域现象状态，这个周围环境可以根据它们靠近房子的远近来安排。这种排列是一种方法，可以引导领域状态中的相对重要性排序——相对于主题，一个领域状态比另一个领域状态更重要，仅仅是因为它表征的内容看起来在空间上比其他状态表征的内容更接近房子。

然而，显而易见的空间关系并不是引导领域状态中比较中心性排序的唯一方式。可以举故事中的事件为例，比如《哈姆雷特》。假设你考虑的是在《冈萨戈的谋杀》（*The Murder of Gonzago*）中克劳迪厄斯（Claudius）从谋杀场景的离开。这是你关注的事件。你还有其他事件在脑海中——例如导致这部戏剧演出的事件，比如哈姆雷特与他父亲的鬼魂的对话，以及哈姆雷特观察到克劳迪厄斯离开后发生的事件。这些事件形成了背景，在这个背景中克劳迪厄斯的离开浮现出来了。它们与克劳迪厄斯的离开存在着程度不同的叙事相关性。

这种叙事相关性的关系可能会引发在领域现象状态中的比较中心性关系，而一定程度上正是由于这些领域现象状态你才有意识地表征了它们。

即使在缺失任何空间、时间或因果结构的情况下，领域状态也可以根据与主题的相对中心性程度来排列。假设你正在做一个证明。当你专注于证明中的某一个步骤时，它将从由其他证明步骤组成的背景中脱颖而出。这些步骤在你所聚焦的这个步骤的设定或者结果之中，看起来或多或少是直接的前提。在某种程度上，正是由于这些领域状态你才有意识地表征了它们，而这些领域状态则可以通过与主题的相对中心性关系进行排序——以一种尊重这些明显的推理关系顺序的方式。

除了主题状态和领域状态外，还有边缘状态。这些事情的必要性应该是明确的。假设你在看一所房子，它从你的领域状态表征的背景中浮现出来。假设你的脑海中出现了关于最近政治事件的某种随机想法，这种想法和房子没有相关性，它在边缘的位置上。这个例子可能不适合于每个人。如果你对近期的政治充满热情，那么关于它的想法实际上可能影响你的其他现象状态，而无论它们的内容是什么。也许是因为关于近期政治的思想影响了你的情绪，而各种情绪以某种方式又影响了所有的现象状态。即使这个例子无法很好地为你引入边缘状态的概念，我仍然假设某个例子或其他例子可以做到这一点。

（D）处于边缘的现象状态被体验为相对主题最不重要的部分。

古尔维奇说，处于边缘的状态"其特征要通过与主题和主题领域的相关性来描述，它们是与这些内容共同出现的"。[25] 这句话可以从以下两个方面来解释。一种解释是，处于边缘的现象状态与主题之间没有比较中心性的关系。对于它们来说，这种关系是不确定的；边缘状态不在其定义域或范围内——不在其领域内。另一种解释是，处于边缘的现象状态与主题之间确实存在着比较中心性的关系。它们的区别在于，它们与主题的中心性关系较低：边缘状态是指与任何其他现象状态相比，那些与主题的中心性关系都更低的状态。

我赞成第二种解释。这里有两个原因。第一，它告诉我们是什么积极属性赋予了边缘状态其独特的边缘特征。仅仅说明它们缺乏其他现象状态所具有的某种属性不足以做到这一点。第二，它允许我们定义意识领域。意识领域恰恰就是比较中心性关系所在的领域。我们还可以更进一步，把相对主题的中心性关系作为我们唯一的原始关系（primitive），可以对意识领域的结构进行严格的描述。

下面是具体的方法。[26] 让我们把相对主题的中心性关系简称为*中心性*，并且当一个现象状态 X 具有相对 Y 更重要的中心性时，我们会说 "X 比 Y 更重要"，我们可以假设它是一个严格的部分排序。如果我们将它作为基础，我们可以定义主题、领域和边缘：

·X 在主题中=定义，对于所有 Y，Y 不比 X 更重要（即 X 是中心性排序的最小成分）

·X 在边缘中=定义，对于所有 Y，X 不比 Y 更重要（即 X 是中心性排序的最大成分）

·X 在领域中=定义，对于一些 Y 和 Z，Y 比 X 更重要，X 比 Z 更一般（即 X 既不是最小值也不是最大值）

我们可以将论题（A）到（D）的大部分内容归纳成两个主张。第一个主张告诉我们的是关于中心性关系的领域。

·每个领域都包括一个主题、领域和边缘。

第二个主张告诉了我们中心性关系的重要意义。

·对于所有的 X 和 Y，如果 X 比 Y 更接近中心，那么这将对 X 和 Y 的现象意识方式造成影响。

这两项主张不包含论题（A）至（D）的所有内容。它们包含了现象整体论论证所必需的内容。

这个论证需要一个新的关系，它可以根据刚才引入的中心性关系来定义。这个中心性关系被视为基元。而且，新的关系最好分两个阶段来定义。它们是：

中心性相关：X 在中心性方面与 Y 相关=定义，X 比 Y 更接近中心，或 Y 比 X 更接近中心。

中心性连接：X 在中心性方面与 Y 连接=定义，有一个状态序列，即状态 X，e_1，$\cdots$，e_n，Y，其第一个成员是 X，最后一个成员是 Y，这个序列使得相邻的状态在中心性方面被联系起来——简而言之：有一条从 X 到 Y 的路径贯穿着与中心性相关的现象状态。

现在我们可以为现象整体论做如下辩护。

（1）一种现象状态由于其与其他现象状态的中心性连接，在中心性排序中具有其位置。［前提］

（2）任何一种现象状态都与每一种其他现象状态有中心性连接——如果依次给定处于整体现象状态中的任意两个现象态 X 和 Y，那么 X 和 Y 是中心性连接的。［前提］

（3）一种现象状态在中心性排序中有其位置，那是因为它与所有其他现象

129

状态的中心性连接。〔从（1）和（2）〕

（4）一种现象状态有其现象特征，部分是由于它在中心性排序中的位置（例如，它是在主题、领域，还是边缘）。〔前提〕

（5）一种现象状态有其现象特征，部分是因为它与其他现象状态的中心性连接。〔从（3）和（4）〕

（6）某种现象状态本质上有其现象特征。〔前提〕

（7）一种现象状态的发生取决于它与其他任一现象状态的中心性连接，这些现象状态处在它们所属的整体现象状态。〔从（5）和（6）〕

（8）如果一种现象状态的发生取决于它与它所属的整个现象态中的每一种其他现象状态的中心性连接，那么它就取决于它在它所属的整体现象状态中的发生。〔前提〕

（9）因此，一种现象状态的发生取决于它所属的整体现象状态。〔从（7）和（8）〕

由于（9）涉及一种任意的经验，它意味着现象整体论——一个主体在某个时刻的所有部分现象状态都取决于该主体在当时的整体现象状态。

（1）、（2）、（4）、（6）和（8）都是独立的前提条件。我将假设（6）和（8）两者是成立的，因为它们看起来都是有道理的。而对于（1），它是被这样的想法所引出来的，即没有其他因素可以解释一种现象状态在中心性排序中的位置。

正是引入中心性连接关系的有用性在激发（2）中的作用。请注意，关于中心性或中心性相关性的类似主张不一定是正确的。你可能有两种领域状态，其中每一种或多或少都接近主题的中心，但任何一种都不会比另一种或多或少地更接近主题的中心。但考虑到意识领域中的每一种现象状态都是在中心性关系的领域内，并且考虑到中心性关系具有最小和最大的元素——主题中的现象状态以及边缘中的现象状态——由此可见，从任何一种现象状态到另一种现象状态总是有一条路径，其中贯穿着与中心性相关的现象状态。（4）是由早期古尔维奇的讨论所激发的。

130

第五节　结　　语

以上就是关于现象整体论的论证。如果现象整体论是真的，那么它使我们有理由将对不可还原性的承诺与对独立性的承诺区分开。然而，如果它不是真的，那么独立性可能是一个可行的命题，至少对一些实际的认知现象状态来说，尤其是对那些与狭义的有意识思想相关、时常突然浮现在脑海中的想法来说是如此。无论如何，没有充分的理由拒绝将不可还原性作为某些现象状态的命题。

注　释

1　见 Prinz（2011：193）。

2　见 McGurk 和 MacDonald（1976）。

3　韦特海默的"格式塔理论"，见 Ellis（1938）。

4　这个例子是基于韦特海默的"感知形式中的组织法则"中的一个例子，见 Ellis（1938）。

5　引用的表达方法来自 Koffka（1935：110）。

6　见 Gurwitsch（1964；121）。

7　从心理学的角度对这些问题展开的有启发性的讨论，见 Palmer（1990）。

8　专题论文在 Gurwitsch（1966）第 6 节被重印。

9　关于这一点的更充分讨论，见 Koffka（1935：184-185）。

10　见 Gurwitsch（1964：357）。

11　这一区别是从 Chalmers（2004）对纯粹和不纯粹表征属性的划分改造而来的。

12　例如，参见 Gurwitsch（1964：456）。其中古尔维奇区分了"*被理解的命题*"和"*被看成是理解了的命题*"。

13　见 Gurwitsch（1964：327，359，363）。在这些讨论中，古尔维奇在内容和方式之间做出了和我所描述的相同的区分，但是他使用了胡塞尔式的术语，而且他使用和我一样的方法来应用这个区分，只是他将其应用于更一般的主题和主题领域的情况，有关这一点见下文。

14　见 Pautz（2013：219）。

15　见 Pautz（2013：216）。

16　见 Pautz（2013：215）。

17　见 Gurwitsch（1964：4）。

18　见 Gurwitsch（1964：113，320-321，356-357）。

19　见 Gurwitsch（1964：319）说道："一个主题的*出现*必须被描述为从一个主题所在的*领域中发生*，在这个领域中主题占据着中心地位，因此这个领域就形成了关于该主题的一个背景。这个主题携带着一个领域，以便除了作为存在者存在于并且指向该领域，不会出现和存在于意识中。"

20 见 Gurwitsch（1964：340）说道："探讨一个科学定理时，我们或多或少地有一个明确而清晰的意识，这个意识涉及导致该定理的因素、该定理的因果关系、其他与之相容或不相容的定理，以及某种程度上与我们的定理所指的事情有关的事实等，属于这个类别（即这个领域）的信息资料出现了，而且似乎与这个主题*具有一定的关系*。"

21 见 Gurwitsch（1964：359）。

22 古尔维奇用"相关性"一词来表示我所说的中心性。例如，见 Gurwitsch（1964：340-341）。

23 见 Gurwitsch（1964：204）。

24 见 Gurwitsch（1964：205）。

25 见 Gurwitsch（1964：344）。

26 见 Watzl（2011）。

拓 展 阅 读

关于本章讨论的反对不可还原性的论证，参见 Prinz（2011）以及 Pautz（2013）。我们可以从 Ellis（1938）、Gurwitsch（1964）、Palmer（1990），以及 Dainton（2000/2006）中开始探索格式塔和现象整体论问题。Watzl（2011）发展了一种接近古尔维奇的意识领域理论的注意力理论。

第六章　意　向　性

　　假设你有意识地想到有邮件在你的邮箱里，那么你就处于了一种现象状态。当你想到有邮件在你的邮箱里时，你感觉好像有某种东西是存在的。此时，你也处于一种认知意向状态。当你想到你的邮箱里有邮件时，你会以某种认知方式来表征这个世界的存在。因此，有意识思想既有现象的方面，也有认知意向的方面。这两方面之间可能存在着怎样的联系？

　　有一种观点认为，现象状态决定了认知意向状态。从这种观点来看，有意识地想到你的邮箱里有邮件这个事实提供了"认知现象意向性命题"的一个实例，该命题认为一些现象状态决定了认知意向状态。这是我在本章中要关注的主题。

　　当你想到邮箱里有邮件时你所处的现象状态，决定了此时你所处的认知意向状态，这一观点与另外两种观点形成了明显对比。第一种观点认为，这两种状态彼此之间并不具有决定关系。第二种观点认为，这种决定关系确实存在，但是，是认知意向状态决定现象状态，而不是现象状态决定认知意向状态。如果不首先详细阐述这些不同观点，就很难对这些观点的相对优势发表任何看法。这个计划超出了我目前的目标范围。

　　这里的目标只是澄清与评估认知现象意向性本身的优点相关的问题。我想强调的是，我所特别关注的是认知现象意向性，而不是更普遍的现象意向性命题，根据现象意向性命题，一些现象状态决定了意向状态——但在这里，这些意向状态可能不是认知意向状态。

　　我将讨论四个主要问题：认知现象意向性认为一些现象状态与认知意向状态之间具有一种决定关系，这种观点应该如何理解？有哪些理由支持这个命题？它面临哪些困难？考虑到认知现象意向性面临的困难，它的支持者会有哪些选项？下面的每一节都专注于这些问题中的一个。我个人的观点是，认知现象意向性的地位仍然是一个悬而未决的问题。

第一节　基础性或必要性

　　认知现象意向性命题指出，一些现象状态与认知意向状态之间具有决定关系，但尚未明确说明这种决定关系的本质。这里有两个基本的选项，可以使这个命题的观点变得更加明确。具体如下。

> 基础性：一些现象状态使人处于一种认知意向状态。
> 必要性：某些现象状态满足使人处于一种认知意向状态的要求。

我们可以通过关注它们在解释中的意义，从而更清楚地区分它们的不同之处。如果我们采用基础性这个主张，那么我们就要同意一种观点，即有时候你之所以处于一种认知意向状态，正是因为你处于一种现象状态中。如果我们采用了必要性这个主张，那么我们就不会再承认这种观点，即有时候你之所以处于一种认知意向状态，正是因为你处于一种现象状态中。

每个选项都有其支持或反对的理由。

首先考虑基础性。基础性主张的吸引力主要在于，它为我们关于意义和意向性理解中的一个明显缺陷提供了一种诊断和修复。这个明显的缺陷出现在两条研究路线的实施过程中。第一条路线是计划解决在奎因和克里普克的作品中最突出的关于意义和意向性确定性的担忧。第二条路线是计划将意义和意向性自然化。

假设正如我们可能天真地做的那样，你通过说"瞧！一只兔子！"这句话，来指称一只兔子。推测起来，关于你说话的这个事实应该不是基本的。它依赖于关于你的其他事实。据奎因所说，唯一可以依赖的事实是和你使用"瞧！一只兔子！"这个句子时公开的、可观察的倾向性相关的那些事实。[1] 但是这些都未能区分出以下对你话语的不同解释：你想要指称的是一只兔子，还是兔子身上无法分离的一部分，或者是兔子生活中的一个暂时片段。无论何时，只要有一只兔子在周围，如果在你说出"瞧！一只兔子！"这个句子时就拥有了公开的、可观察的倾向性，那么无论周围存在的是兔子身上无法分离的一部分，还是兔子生活中的一个暂时片段，那些公开的、可观察的倾向性都是说出"瞧！一只兔子！"这个句子时的那些倾向性。奎因因此得出结论，我们天真地主张，即你通过说 "瞧！一只兔子！"这句话来指称一只兔子，是错误的。你的言语并不具有一个确定性的含义。这个令人怀疑的结论还存在其他理解：可以假定，如果你能够明确地意图指称一只兔子，那么你就能明确地指称一只兔子，但是因为你不能做后一件事，所以你就不能做前一件事，这表明确定的意向状态和确定的有意义的话语一样是虚幻的。在对维特根斯坦的研究中，克里普克发展了一种类似的推理路线，然而与奎因不同的是，他没有将意义和意向性的潜在决定因素限制在公开的、可观察的倾向上。[2]

将意义和意向性自然化的计划也始于这样一种想法，即一个人通过言语想要表达什么的这个事实和一个人处于何种意向状态的事实都不是基本的。[3] 它

134

们依赖于其他事实。这个计划背后的想法是，这些其他事实在某种意义上必须是自然的。它们必须是关于一个人的体质、性格、历史和环境的事实。这个计划是为了让这个想法变得可信，在体质、性格、历史和环境方面为意义和意向性提供必要和充分的条件。如果这个计划被成功地实施了，那么它将为奎因和克里普克提出的怀疑性的担忧提供答案。但这似乎并没有发生，至少没有达成任何共识。

认知现象意向性被解释为有关基础性的命题，既意味着对相关情况的诊断，也意味着提出了修复的方法。[4] 其中，这个诊断指明，奎因、克里普克和自然主义者忽视了一系列重要事实，而这些事实则是关于意义和意向性的事实所要依赖的，即关于现象状态的事实。修复方法就是停止忽视这些事实。

至此，关于基础性的吸引力就不多说了。这个基础性的问题在于，它让现象状态被认为是认知意向状态的基础，而现象状态的本质却成了一个完全的谜。我们想知道这些状态是什么。一个诱人的观点是，它们恰好是认知意向状态本身。它们既是现象状态，同时也是认知意向状态——现象认知意向状态。但基础性命题似乎排除了这一选项。为了理解这一点，请回想一下，基础性关系是非自反性（irreflexivity）的：没有任何东西可以成为自己的基础。所以假设某种现象状态 P 是某种认知意向状态 C 的基础。根据基础性的非自反性，P 和 C 是不可能完全等同的。所以，我们不能通过说 P 恰好是 C 本身来解释 P 是什么。

对这个论证有两种可能的回答。一种是质疑基础性的非自反性。[5] 另一种是提出，虽然现象状态 P 可能与认知意向状态 C 不相同，但它可能与其他现象的认知意向状态相同，称之为 C*。非自反性排除的是，一种现象状态与奠基于它的任何认知意向状态是相同的。非自反性并不排除，一种现象状态与没有奠基于其上的其他认知意向状态相同的可能性。那么，情况可能是，一些现象的认知意向状态为其他的认知意向状态提供了基础。这意味着，至少有些认知意向状态并不奠基于现象状态上，然而它们可能与现象状态相同。[6] 排除其中任何一个选项似乎都为时过早。也许其中一个会被证明是可行的。

关于必要性的好处是，它明确地允许我们说，决定认知意向状态的现象状态恰好就是认知意向状态。与基础性不同的是，必要性是自反性的：所有事物都使它本身成为必要。所以，假定某种现象状态 P 需要某种认知意向状态 C，P 很可能恰好就是 C。事实上，P 和 C 的同一性可以让我们很好地理解 P 是如何使 C 成为必要的。P 需要 C，是因为所有事物都需要它本身，而且 P 恰好就是 C。

将必要性与这种观点——认为现象状态与它拥有的认知意向状态是相同的——结合起来的难题在于，这个结果似乎排除了任何想要解释的愿望。也许，知道一些现象状态同时是认知意向状态是件好事。现在，我们对这些现象状态的本质有了更多的了解。但这并不能诊断或修复我们在理解上的明显分歧，这种分歧出现在关于意义和意向性的自然主义和怀疑论的文献中。因为，在这种观点下，现象的认知意向状态是对需要基础的事物的一种补充，而不是对那些充当基础的事物的补充。所以没有诊断，因为我们还没有被告知我们一直忽视的可能是何种基础。所以，也没有任何修复，因为我们还没有得到任何新的可能与之合作的基础。

对认知现象意向性新热点所代表的进展持乐观态度的人，可能认为认知现象意向状态并不需要基础。它们的意向性是特殊的，因为它们在现象上是显而易见的。你不能怀疑它，因为它在那里是被体验到的。你不能为它提供基础，因为它是根植于现象学的原始构建。我对这两种说法都表示同情。但我并不认为它们是辩证法领域中的新动向。反还原主义和反怀疑主义一直以来都是可供选择的立场。[7] 目前还不清楚的是，认知现象意向性作为一种关于必要性的主张如何为它们增添新东西。

第二节　认知现象意向性论证

即使暂时悬置如何准确理解相关的决定关系这个问题，我们仍然可以问：为什么认为一些现象状态与认知意向状态会有这样的关系？在这一节中，我将考虑两种论证策略，它们在关于基础性和必要性的问题上都是中立的。第一种策略是通过对有明确现象对比案例的反思进行论证。第二种策略是通过对想象中的情境的反思进行论证。

贝恩继续探讨了第一种论证，他认为现象意向性延伸到了表征诸如自然类和人工制品种类等高层次属性的意向状态。这不是我们这里所关注的重点，但是考察他的论点将被证明是有益的，因为他清楚地说明了所讨论的辩护策略。贝恩仔细考虑了由于联想失认症而产生的现象对比。联想失认症患者能够看到颜色和形状，却无法从视觉上识别自然和人工制品的种类。在引述心理学文献对这种情况的描述后，贝恩写道：

联想失认症提供了一种工具，可以用来为自由主义［即现象意向性扩大了高层次属性范围的观点］发展一个强有力的对比论据。虽然我们无法直接接触患者的现象状态，但假设他的视觉体验的现象特征已经改变是非常合理的。但患者失去了什么种类的感知内容呢？他并没有失去低层次感知内容，因为那些只需要处理低层次内容的能力仍然完好无损。患者的缺陷不是*形式知觉*的问题，而是*范畴知觉*的问题。因此，高层次的知觉表征——例如将一个对象表征为听诊器、开罐器或梳子——可以纳入具有知觉现象特性的内容［即由知觉现象学决定的内容］。[8]

这种观点似乎是这样的。存在着两种体验 e_1 和 e_2，它们在现象上有所不同：e_2 使人处于与 e_1 不同的现象状态。对此的最好解释是它们在意向上不同：e_2 使人处于与 e_1 不同的意向状态，尤其是一种表征某些人工制品种类的意向状态。因此，e_2 使人所处的现象状态决定了 e_2 使人所处的意向状态，并且现象意向性扩展到了对人工制品种类的表征。

现在，只需要用第二章或其他章节中你最喜欢的现象对比案例来替代，你就有理由认为现象意向性扩展成认知意向状态是正当的。让我们使用斯特劳森关于雅克和杰克的现象对比案例来说明。杰克听到了新闻但并不理解，雅克听到了新闻并且理解了。这里有两种体验 e_1 和 e_2，体验 e_2 使人处于与 e_1 不同的现象状态。最好的解释是，e_2 使人处于与 e_1 不同的认知意向状态。因此，e_2 使人所处的现象状态决定了 e_2 将其置于的意向状态，并且现象意向性扩展到了认知现象意向性。

这个论证的问题在于，它的结论并不是由前提推导出来的。从 e_2 与 e_1 在现象上不同是因为它们在意向上不同这个前提出发，并不能直接推出结论，即 e_2 的现象特征决定了 e_2 的意向内容。这一点对于现象意向性在总体上是有指导意义的，而不管讨论所涉及的范围问题。一般来说，确立某些意向差异决定现象差异的前提，并不保证结论中一些现象差异决定意向差异的断言就是正当的。

至少在没有补充的情况下，他们做不到这一点。在反驳现象意向性可延伸到表征高层次属性的意向状态这一观点的过程中，贝丽特·布罗加德（Berit Brogaard）分离出了一种有效的补充办法。她称之为性质随附性命题。

如果 S 有一个伴随现象学 C 的体验 E，并且因为它拥有 E，S 对 P 有明确的意识，那么不可避免的，如果有人有伴随着现象学 C 的一个体验，那么因为有了这个体验，所以他们对 P 有明确的意识。[9]

再考虑一下 e_2——要么来自贝恩的现象对比，要么来自斯特劳森的现象对比。状态 e_2 有一些"现象学 C"，也就是说，它将一个人置于某种现象状态。并且，e_2 使人"对 P 有明确的意识"。也就是说，它将一个人置于某种意向状态，其内容的一部分表征了属性 P。现在假定性质随附性命题是真的。接着而来的是，"现象学 C"决定了"对 P 有明确的意识"。也就是说，e_2 使人所处的现象状态决定了 e_2 使人所处的意向状态。这正是我们想要的结论。

然而，性质随附性命题是有问题的。直接看来，从一个具有某种现象特征的体验使人意识到某种性质这个事实出发，并不能推论出，该体验的现象特征就有一种能力，可以决定任何其他具有相同现象特征的体验，也会让人意识到同样的性质。布罗加德勾勒出一个论证，认为它确实会随之而来。[10] 其主要观点是，很可能有一个最初的人类有意识地表征了属性 P，是由于其在一次虚幻的体验中好像意识到某物具有属性 P；因此，这个人有意识地表征属性 P 的这个事实，恰恰取决于这个体验的现象特征。这个论证有些草率。也许，第一个表征属性 P 的人之所以能够这样做，是因为他能够根据自身已经真实体验过的其他性质来定义 P。或者，也可能是，第一个表征属性 P 的人之所以能够这样做，是因为其表征属性 P 的先天能力已经成熟。但是，假设我们把这些种类的解释都排除在外，那么这一论证就如同性质随附性理论本身一样可疑。即如果某人在一次虚幻的体验中好像意识到某物具有属性 P，那么这个人也就有意识地表征了属性 P。但人们需要有一些理由去相信在想象的情况下，一个人可以有一种虚幻的体验，好像意识到某物具有属性 P 一样。

我们可以想象这样一个人，他在一次体验中具有与实际体验相同的现象特征，即好像意识到某物具有属性 P 一样。但问题在于，我们所想象的内容是否就是这样一个人所体验到的内容，即好像意识到某物具有属性 P 一样。通常情况下，很难理解为什么必须如此。但或许对于某些具体的体验而言，这种情况是可能的。这种可能性表明，我们可以采用第二种论证策略来得出关于现象意向性的结论。

第二种论证策略不依赖于一般原则，比如性质随附性前提。相反，它是通过对特定的想象情境的反思而进行的。例如，下面是西沃特给出的一个论证。

首先，考虑某个实例，即它向你呈现的外观就像它自身看起来一样，仿佛已经以某种方式被塑造和定位，比如它的外观就像在"某个特定场合"它本身所是的样子，仿佛在一个位置上有被塑造的"某物 X"。如果对你来说看起来是这样，那么似乎就能推断出，呈现给你的确实是，有被塑造的某物 X 处在某个特定的位置上。如果这是正确的，那么以这种方式呈现的外观就是一个特征，根据这个特征你可以评估其准确性——也就是说，它是一个意向特征。[11]

西沃特挑选了一种特定的现象状态——这种现象状态与它呈现给你的样子密切相关，就好像在某个特定位置有被塑造的某物 X 一样。他让我们想象你处于这种现象状态的情况。然后他指出，这种想象的努力本身足够满足想象你正处于一种意向状态的需要——一种意向状态的准确性，取决于在某个特定的位置是否有被塑造的某物 X。这表明现象状态决定了意向状态。

139

同样的论证策略也可以用来激发认知现象意向性。[12] 为了理解这一点，我们需要选择正确的现象状态作为我们的想象力努力的对象。考虑上面讨论过的一个例子。

［直觉］在一本书中，你读到"如果 $a<1$，那么 $2-2a>0$"，并且你想知道这是不是真的。然后你会发现，a 小于 1 使得 $2a$ 小于 2，因此 $2-2a$ 大于 0。

直觉地感知算术真理是一种认知意向状态。它在现象上也是有意识的。我们称之为现象状态，它使你置身于状态 P。一个人是否可以只处于现象状态 P，而不处于任何一种意向状态？至少最初很难看出如何做到这一点。一个人会不会虽处于状态 P 中，却不处于任何一种认知意向状态呢？至少最初我倾向于认为不可能。在我看来，当我想象一个处于状态 P 的主体时，由此我也在想象一个正在进行某种形式认知的主体。这个主体可能并没有真正地直觉到一个算术真理。也许，获得这一成就需要的不仅仅是处于某种特定的现象状态。即便如此，似乎还有一种直觉。这个主体似乎正在领悟某个抽象的真理。这可能与实际场景中发生的认知意向状态不完全一样，但它是某种类型的认知意向状态。

我认为，这个论点给了我们一个初步的理由去相信认知现象意向性。然而，这个初步的理由是否经得起推敲，还不太清楚。我将在下一节讨论认知现象意向性的问题。

第三节 认知现象意向性的问题

在《现象学的意向性和意向性的现象学》中，霍根和蒂恩森提出了以下论点。

现象学是*狭义的*。在这个意义上，它并不本质地依赖于身体以外的东西，或者大脑以外的东西。我们现在可以提出如下中心论点。

（1）存在普遍的意向内容，它在构成性上仅依赖现象学。

（2）现象学在构成性上仅依赖狭义的因素。

（3）所以，存在普遍的意向内容，它构成性地只依赖狭义的因素。

也就是说，现象意向性和狭义现象学的论题，共同意味着存在一种狭义的意向内容（这种内容我们称为*现象的*意向内容），它普遍地存在于人类生命中，以致任何两个彼此是对方现象复制品的生命，相对于这种狭义内容，也必定有完全相似的意向状态。[13]

所以，*肯定假言推理*是有效的，现象意向性的支持者倾向于接受这种推理。然而，反对者会提出异议，并提供可预测的*否定假言推理*：不存在一个仅构成性地依赖于狭义因素的普遍意向内容，而现象学构成性地依赖于狭义的因素，因此也不存在一个仅构成性地依赖于现象学的普遍意向内容。

这里值得注意的是，霍根和蒂恩森在他们论文的另一部分提出了一个重要 141 的澄清。[14] 这个澄清指出，他们的结论应该强化如下观点：存在着广泛的意向内容，其构成性地仅依赖于现象状态。这并不令人意外，因为如果现象状态决定了意向状态，那么这些意向状态在构成上就只依赖于现象状态。但这也是非常重要的。由于处于不同大脑状态的人可以处于相同的现象状态，许多"狭义因素"的范围还不足够窄小，无法对那些由现象状态决定的意向状态产生任何影响。在评估现象意向性的可信性时，必须牢记这一点。

因此，认知现象意向性的主要问题是，有充分的理由认为，从总体上看认知意向状态无法在构成性上仅仅依赖于现象状态。这是一种常见的担忧。但我怀疑认知现象意向性的支持者低估了它的力量。本节的目的是试图使这种力量变得更加清楚。

我将假设，根据意向状态所关联的表征能力（类似于与使用各种语言表达范畴相关的能力），将意向状态进行分类是有意义的。假设你相信哥德尔证明了不完全性定理。这是一种意向状态。我并没有假设说，为了处于这种意向状态，你必须使用"哥德尔"这个名字。但是我要假设，说出这种意向状态——它预设了一种类似于使用名字"哥德尔"所涉及的表征能力，这是有意义的。我们可以用一个名词概念来称呼这种能力，并说这种意向状态涉及"哥德尔"这样一个名词概念。假设你现在正站在哥德尔旁边，并且认为其证明了不完全性定理。在这种情况下，你并不处于一种意向状态，这种意向状态以一种类似于使用"哥德尔"这个名字所涉及的表征能力为前提。相反，你处于一种意向状态，它以一种类似于使用指示性短语"那个人"所涉及的表征能力为前提。我们可以称之为指示概念，并说意向状态包含了一个指示概念。

概括地说，反对认知现象意向性的论证可以表述如下。

（1）每一种认知意向状态都涉及至少一个或另一个以下类型的概念：指示、索引、名词、自然、数学、人工制品、社会、规范或逻辑概念。

（2）认知意向状态包括指示、索引、名词、自然、数学、人工制品、社会、 142 规范或逻辑概念，其本质上并不仅仅依赖于现象状态。

（3）所以，现象状态不能决定认知意向状态，即认知现象意向性命题是错的。

我会依次讨论每个前提。但首先我要说的是，通过其中提到的不同概念来表达内容。

通过指示、索引和名词概念，我想到的是类似于那些使用术语如"那个人"、"这个"、"我"、"这里"、"现在"、"哥德尔"和"丘吉尔"等所涉及的表征能力。当我们运用这些表征能力时，我们就会进入各种意向状态，这些状态通过使用这些表达式在语言中被自然地表达。这些意向状态表征了特定的对象——一些存在于当下，一些不存在，一些存在于我们的头脑内部，一些存在于我们的头脑外部。

通过自然和数学概念，我想到的是类似于那些使用术语如"水"、"老虎""热"、"曲线"、"多面体"和"函数"等所涉及的表征能力。当我们运用这些表征能力时，我们会进入表征自然和数学种类事物的意向状态。这些种类的事物有两个重要的特征。第一，它们有潜在的特性。例如，水具有可观察的特性，如清澈、可饮用，并存在于湖泊和海洋中。但它也有潜在的作为 H_2O 存在的特性。多面体具有可观察的特性，即具有平面、直边和锐角的三维图形。但它们也有一个潜在的特性，其具体情况可能会变得相当复杂。[15] 第二，人们不需要了解一个自然或数学概念的潜在特性，就可以拥有和使用相关概念的能力。在数学家逐渐揭示出多面体潜在特性的过程中，他们一直在思考的恰好是那些具体的图形。

通过人工制品和社会概念，我想到的是类似于那些使用术语"铅笔"、"沙发"、"牛胸肉"、"系主任"、"合同"和"美元"等所涉及的表征能力。当我们运用这些表征能力时，我们进入了一些表征种类的意向状态，它们的划分取决于意图、惯例、法律、制度等。这些概念与自然概念和数学概念相似，尽管人们依赖于这些概念，但是人们并不需要对意图、惯例、法律和制度有非常多的了解，就可以拥有和使用这些概念。

143　　最后，通过规范和逻辑概念，我想到的是类似于那些使用术语"应该"、"残忍"、"非理性"、"如果"、"某些"和"蕴含"等所涉及的表征能力。关于逻辑概念的进一步说明是有必要的。实际上，逻辑概念可能扮演两种不同的角色。下面考虑两种不同的意向状态。第一，考虑这个判断，即某个主张（例如认知现象意向性）蕴含另一个主张（例如不可还原性）。在做出这个判断时，你通过阐明这对主张来使用蕴含的概念。第二，考虑"某种版本的认知现象意向性命题是真的"这一判断。在做出这个判断时，你并没有通过将存在量化（existential quantification）作为对任何事物的断言来使用这个概念。你只是通过做出一种特定形式的判断来使用它，这个形式即存在量化的形式。通过涉及逻辑概念的意向状态，我对这两种现象都进行了考虑。我将规范概念和逻辑概念放在一起的原因是，它们似乎都是被涉及它们的意向状态在实践和理论推理中扮演的角色来定义的。

前提（1）所说的是，给定任何一种认知意向状态，它将至少涉及上述几种表征能力中的一种。有人可能会为此提出一个先验论证。也许这是一个必要的真理，即每一种认知意向状态都有一些拥有逻辑形式或其他形式的意向内容。但是这会把全部焦点都转移到逻辑概念上。更确切地说，我提出的前提（1）是一个在反思中看起来很明显的东西。如果我们的认知意向状态不是关于我刚才回顾的那些事情，那可能会是什么？

前提（2）可以通过对对比案例的反思得到支持，这些案例中既存在着现象上的复制品，又在某些非现象的方面存在差异，这些差异似乎对它们所处的认知意向状态产生了影响。这些对比案例以及我们倾向于对它们做出的判断，让我们有理由认为，出现于它们之中的认知意向状态构成性地依赖于不同于现象状态的其他因素。这样的推理方式有四种我们常见的类型，它们之间的区别不仅在于所涉及的概念类型不同，还在于它们所支持的超现象学依赖关系的类型有所不同。

第一种推理路线针对指示、索引和名词概念，旨在建立它们对对象的依赖性。[16]这里有两个例子：

案例1：爱丽丝指着蜥蜴 L_1，心想：那是一只扁尾角蜥蜴。

案例2：在同样的现象状态下，爱丽丝指向一只有区别但外形相似的蜥蜴 L_2，她对自己说：那是一只扁尾角蜥蜴。

144

在案例1中，爱丽丝的想法是正确的，当且仅当 L_1 是一只扁尾角蜥蜴。在案例2中，爱丽丝的想法是正确的，当且仅当 L_2 是一只扁尾角蜥蜴。因此，尽管爱丽丝处于同样的现象状态，但她考虑的却是不同的事情。爱丽丝很容易想象这些案例的各种变体，因为在这些案例中，爱丽丝思考的是索引的或名词性的思想，而不是指示性的思想。因此，我们有理由认为，涉及指示、索引或名词概念的认知意向状态，本质上并不仅仅依赖于现象状态本身。

有人可能会对这种表述结论的方式感到担忧，因为如果指示、索引或名词概念是针对现象状态的概念，那么该结论就不成立。例如，爱丽丝可能会注意到一阵痒并且在心中暗想：这种类型的体验是令人烦恼的。在这种情况下，如果你复制了这种现象状态，你就复制了该对象，所以即使爱丽丝的思想具有对象依赖性，它依然可能构成性地仅仅依赖于现象状态本身。根据这一观察，我们可以简单地将上述结论修改为：我们有理由相信，除了现象状态以外，涉及事物的指示、索引或名词概念的认知意向状态，本质上并不仅仅依赖于现象状态本身。

第二种推理路线指向自然和数学概念，旨在建立它们对潜在特性的依赖性。[17]普特南（Putnam）的孪生地球思想实验就是一个例子。[18]这里有两个实例。

案例 3：在地球上，水的基本性质是 H_2O，奥斯卡（Oscar）在思考一个思想，即通过说"水是清澈的"所表达的思想。

案例 4：在孪生地球上，水的基本性质 XYZ，孪生的奥斯卡是奥斯卡的现象复制品，他在思考一个思想，即通过说"水是清澈的"所表达的思想。

在案例 3 中奥斯卡的思想是真的，当且仅当"H_2O 是清澈的"。在案例 4 中孪生奥斯卡的思想是真的，当且仅当"XYZ 是清澈的"。所以，即使他们处于同样的现象状态，他们考虑的也是不同的事物。

人们可能还想知道，是否可以通过构建案例来阐明数学类的观点而不是自然类的观点。我想这是可以做到的。例如，我们考虑下面两个案例。

145

案例 5：在地球上，曲线状图形的基本性质是单位区间的连续映射，奥斯卡在思考一个思想，即通过说"所有曲线在某个地方都是可微分的"来表达的思想。

案例 6：在孪生地球上，曲线状图形的基本性质是"由多项式表示的"单位区间的连续映射；孪生奥斯卡作为奥斯卡的现象复制品，他在思考一个思想，即通过说"所有曲线在某个地方都是可微分的"来表达的思想。

在案例 5 中，奥斯卡的思想是真的，当且仅当单位区间的所有连续映射在某处都是可微分的。这意味着，在给定的任一条曲线上，总会有一个点有切线。或者，如果你把曲线视为粒子的路径，那么在任何这样的路径上，总会有某个点，粒子在该点上以一定速度移动。令人惊讶的是，结果证明这是错误的。在案例 6 中，孪生奥斯卡的思想是真的，当且仅当可由多项式表示的单位区间的所有连续映射在某处可微分。这个思想被证明是真的。

为了使这个思想实验更具说服力，我们可以提出两条规定和一项可选择的变更。这个变更是用某个包含更复杂的曲线的条件，替换由多项式表达的条件。这些替换条件越复杂，我考虑的这些规定就越合理。但是我会坚持讨论可由多项式表达的情况，因为多项式是大家熟悉的。第一个规定是，奥斯卡和孪生奥斯卡熟悉的所有曲线状图形都可以用多项式表示。第二个规定是，假设案例 6 中的孪生地球不是一个真正的可能世界；确切地说，它是一个不可能世界，在这个世界中，存在的单位区间的所有连续映射都可以用多项式表示。我看不出有任何理由反对使用不可能世界来构建思想实验，以探索关于构成依赖性的主张。实际上，这是哲学中一种常见的策略。例如，假设上帝的意愿是必然的，并且关于善的真理也是必然的。但我们仍然可以通过考虑反事实条件来看到，关于善的真理并不构成对于上帝意愿的本质依赖：如果上帝的意愿有所不同，那么关于善的真理是否也会变得不同？它们不会这样，因此关于善的真理并不构成对于上帝意愿的本质依赖。这对于我来说似乎是可以接受的推理。我不明白，为什么我们在发展孪生地球思想实验时不能借助反事实推理。

146

因此，前面所述的结论是：我们有理由认为，涉及自然和数学概念的认知意向状态，并不构成性地仅仅依赖于现象状态。

第三种推理路线指向人工制品和社会概念，并且旨在建立它们对社会环境的依赖性。[19]伯奇（Burge）的关节炎思想实验就是一个例子。[20]这里有两个实例。

案例 7：在现实世界中，专家用"关节炎"来分辨关节中的类风湿性疾病，贝丝去看医生，通过说"我的大腿有关节炎"表达了她的担忧。

案例 8：在一个反事实场景中，处于同样的现象状态，但人们生活在一个专家用"关节炎"来分辨一般性风湿性疾病的社会中，贝丝去看了她的医生，并通过说"我的大腿有关节炎"表达了她的担忧。

在案例 7 中，贝丝的担忧是错误的，因为只有在她的大腿患有关节炎时，她的担忧才是有根据的，而关节炎不可能发生在那里。在案例 8 中，贝丝的担忧可能并不是错误的，因为只要在她的大腿上有除关节炎以外的其他疾病，她的担忧就是有根据的，而这种其他疾病很可能会发生在那里。因此，贝丝拥有不同的担心，即使她是处在同样的现象状态。类似的对比案例可以用来建构涉及人工制品和社会种类的各种思想，这些种类的性质取决于只有少数社会成员可能知道的意图、惯例、法律、制度等。

最后，第四种推理路线指向规范和逻辑概念，旨在确立它们对推理倾向的依赖关系。[21]我将重点关注逻辑概念。[22]经典逻辑和直觉逻辑在推理逻辑连接词的有效规则上有所不同。考虑一下否定推理。在经典逻辑中，以下内容是有效的：从"A 的否定之否定"推出"A"。但在直觉逻辑中它是无效的。关于经典逻辑和直觉逻辑之间差异的结论之一是：在经典逻辑中，我们可以从"如果不是 B，那么不是 A"中有效地推断"如果 A，那么 B"；而在直觉逻辑中，这不是一个有效的推论。这些差异似乎构成了意义上的差异。经典逻辑中的"不"意味着不同于直觉逻辑中的"不"的某种东西，是因为它受到不同推理规则的支配。所以我们来考虑以下两种情况。

案例 9：在现实世界中，克拉拉（Clara）具有经典逻辑的推理特征，并且思考某个思想，即通过说"如果这不好笑，那么我就不正常"所表达的思想。

147

案例 10：在一个反事实场景中，克拉拉处于同样的现象状态，但具有直觉逻辑的推理特征，并且她考虑某个思想，即她通过说"如果这不好笑，那么我就不正常"来表达的思想。

在案例 9 中，克拉拉有一个思想，从这个思想出发她倾向于推断——如果我是正常的，那么这是有趣的。在案例 10 中，克拉拉有一个思想，从这个思想出发她并不想推断出——如果我是正常的，那么这是有趣的。因此，很容易得出结论，即尽管她处于同样的现象状态，但是她有不同的思想。请注意，她可能并没有处在同样的大脑状态。可以合理地认为，她推理倾向的差异取决于她大脑的差异。但是在这里，我们有一个具体的情况，即大脑状态的差异并没有造成现象的差异。如果她进行推理，不同的推理倾向将会对她的推理产生影响；但是在她思考她所表达的思想时，即她通过说"如果这不好笑，那么我就不正常"来表达的思想，它们并不会产生任何现象的差异。

蒂莫西·威廉姆森（Timothy Williamson）反对这样一种观点，即一个人在思想中使用哪些逻辑概念取决于他的推理倾向是什么。[23] 然而，在阐述他的论点时，威廉姆森诉诸这样一种观点，即一个人在思想中使用的逻辑概念取决于可供选择的非现象因素，如历史和社会环境。所以即使我们赞同威廉姆森的推理，这种推理也不能为现象状态可能决定规范和逻辑概念的观点提供任何支持。相反，它支持规范和逻辑概念应被消化和吸收到自然类和人工制品种类的观点。

综上所述，对这些案例的反思支持这一主张：涉及指示、索引、名词、自然、数学、人工制品、社会、规范或逻辑概念的认知意向状态，并不构成性地仅仅依赖于现象状态，这是反对认知现象意向性论证的前提（2）。此外，我认为这些案例之所以相互加强，是因为它们一起揭示了一个只有在单独考虑时才会出现的普遍现象。这个普遍现象是，认知意向状态在孤立的情况下似乎不可理解，只有在一个更广泛的，包括我们思考的事物、它们的潜在特性、其他人以及我们的认知活动的更多模式在内的背景中，认知意向状态才能变得有意义。

第四节 选 项

前面两节的内容表明，对于在想象中如何表征我们自己的现象上有意识的认知意向状态这个问题，其中存在着某种悖论。以某种现象上有意识的认知意向状态为例，例如认为水是清澈的。我们可以做的一件事是记住它，并想象具有相同现象特征的状态。当我们这样做的时候，似乎这些现象上完全相同的状态在意向上也是相同的，或者至少在意向上非常相似。这种推理暗示了认知现象意向性。我们还可以做的另一件事是，关注与"水是清澈的"的思想发生相关的现象状态，并想象这种现象状态在不同的背景下发生——在不同的对象、潜在的特性、社会和推理倾向出现的情况下。当我们这样做的时候，似乎同一种现象状态与现象上有意识的多种认知状态的发生有关，而这些认知状态在意向方面是不同的，甚至是相当不同的。这种推理削弱了认知现象意向性的观点。

在这一节中，我将描述三个选项以应对这两种推理路线之间的紧张关系，而不完全放弃认知现象意向性。它们分别是：现象外在论、内容内在论和部分决定论。

解决这种紧张关系的一种可能性是采用现象外在论。[24] 根据现象内在论的观点，现象状态并不构成性地依赖于存在的对象、潜在的特性、社会和推理倾向等因素。根据现象外在论的观点，现象状态的产生确实构成性地依赖于其中的某种因素。如果现象外在论是真的，那么反对认知现象意向性的论证就在它对案例的陈述中失败了。在每一对案例中，我都假设存在着严格的现象相似性，尽管在何种对象的存在、潜在特性的类型、社会习俗的情况或者个人的推理倾向等方面存在着差异。如果现象外在论是真的，那么这个假设就是错误的。

现象外在论在认知现象意向性的支持者中仍然不受欢迎。它可能有何问题呢？对它持反对态度的主要考虑，源自对我们可以想象的内容的反思。我们似乎可以想象出现象的复制品，但它们不是和广泛因素相关的那种复制品，根据现象外在论，现象状态构成性地依赖于这些广泛的因素。关于这些考虑的一个担忧是，发展最成熟的例子主要集中在感觉现象状态上。[25] 也许感觉现象状态是狭义的，但认知现象状态却不是。另一个担忧是，从我们所想象的事情出发的论证可能具有误导性。它可能误导我们，因为我们的想象力是不完美的，或者我们对"我们想象的事物"的解释是错误的。也就是说，我们可能会想象一个真正可能的场景，但却错误地将其解释为现象复制品在其中出现的场景。

在有关认知现象意向性的文献中，很少有反对现象外在论的独立论证。在我看来，其被忽视的真正原因是，认知现象意向性的支持者认为没有动机这么做。如果存在一个可行的狭义内容的概念，那么现象外在论就没有动机。到目前为止，解决支持和反对认知现象意向性争论的最流行策略是支持某种形式的内容内在论。

所以，让我们来探讨一下这个策略。其基本观点是，这两种推理路线都是正确的，但涉及不同的事物——关于不同种类的认知意向状态。对于狭义的认知意向状态而言，认知现象意向性命题是真的；而对于广义的认知意向状态而言，认知现象意向性命题就是假的。

对于认知意向状态具有的一些内容，我们通常使用自然语言"that"从句来描述。如果这些内容有真值条件，那么我们可以使用一个这样的从句来描述它。比如，我们说：奥斯卡认为水是清澈的。如果内容属于或多或少相对准确的这种类型，而不是属于真或假这种类型——也就是说，如果它确定的是准确性条件而不是真值条件，那么我们可以使用多个"that"从句来标明它的属性。以理解一个论证的状态为例。可以合理地认为，这不仅仅是真假的问题，而且是依赖于理解程度有多高的准确性问题。因此我们可以这样说：奥斯卡处于一种理解的状态，其中一部分内容是论证的结论如此这般，另一部分内容是论证的前提是这个或那个，还有一部分内容是说，前提如何支持结论，其他部分内容是说，最有争议的前提是这一个，等等。大致上说，奥斯卡理解论证的状态的准确性取决于其真值条件部分的真实程度。

150

　　我们经常使用自然语言"that"从句来描述认知意向状态的内容。对认知意向状态的反思表明，它们构成性地依赖于广泛的因素——如存在的对象、潜在的特性、社会和推理倾向等。如果存在狭义的认知意向状态，那么它们的内容就会有所不同。内容内在论策略的支持者必须解释这些狭义的内容是什么。

　　以奥斯卡和孪生奥斯卡为例。用地球语言表达，我说："奥斯卡认为水是清澈的。"用孪生地球语言表达，我说："奥斯卡认为水是清澈的。"第一种说法赋予一个思想为真的特性，其条件是"H_2O 是清澈的"。第二种说法赋予一个思想为真的特性，其条件是"XYZ 是清澈的"。这些都是广义的认知意向状态。奥斯卡具有第一种意向状态，但不具有第二种。孪生奥斯卡具有第二种意向状态，但不具有第一种。根据内容内在论的观点，还存在另外一种认知意向状态。这种意向状态是奥斯卡和孪生奥斯卡的共同点，是由他们共同的现象状态决定的。所以有人就想知道：这种认知意向状态是什么？它的真值条件是什么？文献中包含了很多以不同方式回答这些问题的资源。我将考虑三个代表性的观点：第一个是来自伯特兰·罗素和他诉诸描述的观点，第二个是来自戈特洛布·弗雷格（Gottlob Frege）和他诉诸表达方式[①]的观点，第三个是来自鲁道夫·卡尔纳普（Rudolf Carnap）和他诉诸内涵的观点。

　　在罗素的思想的某个阶段，他认为有三个主张是可信的，它们可以表述如下。[26] 第一，认知意向状态的内容是由其主要事项[②]构成的复合体。因此，"水是清澈的"这个思想的内容是由"物质的水"和"清澈的"这两种属性所构成的复合体。第二，一个人只有熟悉这个内容的构成要素，才能处在拥有该内容

---

　　① modes of presentation 是弗雷格语言哲学的术语。在一些中文文献中，常用词"表达式"和这个术语的意思很接近。但"表达式"一般和英文单词 expressions 相对应。这里把 modes of presentation 翻译为"表达方式"，意指对概念或思想的各种陈述方式。——译者注

　　② subject matter 和 theme 都常被译为"主题"。相对而言，theme 是一个比较抽象和广泛的概念，它指的是某个领域或问题的核心或中心，而 subject matter 则指的是更具体的内容或事情。这里把 subject matter 译为"主要事项"，意指认知意向状态的要素和主要部分。——译者注

的认知意向状态。因此，只有当人熟悉"物质的水"和"清澈的"这两种属性时，才能认为水是清澈的。第三，一个人所熟悉的唯一对象是他自己、他的感觉数据和一般概念。所以，回到"水是清澈的"这个思想。这个物质性的水既不是我自己，也不是我的感觉数据之一，也不是一个一般概念。所以，我真的无法相信"水是清澈的"。如果我在思考一个思想，人们可能把这个思想归因于我在使用从句"水是清澈的"，那么沿着这条思路，我实际上所思考的就是人们可以归因于使用从句"我周围的水性物是清澈的"来表达的思想。这个思想的构成要素是我、我周围的水性物的属性，以及"清澈的"这种属性。罗素的这三个承诺意味着，将认知意向状态归因于自然语言并不能准确导向其实际内容，因为它们使用的关于事物的术语超过了自我、感觉数据或一般概念。通过用描述来替换这些术语，仅从它们与自我、感觉数据和一般概念的关系来说明那些事物，可以报告它们的实际内容。

发展内容内在论策略的一种方式，是追求一个类似于罗素承诺所暗示的那种方案。[27] 广义的认知意向状态拥有的内容，通常被归因于使用了自然语言"that"从句。狭义的认知意向状态包含的内容，可以通过用描述来替换"that"从句中的大部分术语来报告，这些描述具体说明了这个内容的主要事项，所用的术语在所有现象复制品中都可以获得。因此，奥斯卡和孪生奥斯卡由于共同的现象状态而共享的狭义认知意向状态，可能是"我周围的水性物是清澈的"这种思想。

关于这种策略的主要担心是可能没有这样的描述。[28] 如果"水性物"是指"像水一样的东西"，那么它所表达的概念对奥斯卡来说是可用的，但对孪生奥斯卡来说却不是——以我目前使用地球语言而不是孪生地球语言对"水"的使用为例。所以我们需要一些其他的描述。人们可能会尝试使用"清澈的、可饮用的、充满湖泊和海洋的液体"。但可以说，所有这些属性——清澈的、可饮用的、液态的、充满湖泊和海洋的——都是自然类，或者至少与自然类一样拥有潜在的特性。人们可能会试图构想一个只包含现象状态术语的描述。也许可以找到这样一个关于水的描述，尽管没有什么理由相信这是真的。然而，即使能找到这样一个描述，另一个问题仍然存在。无论是何种描述，它都将具有一个逻辑形式，正如我们之前所看到的，我们有理由怀疑涉及逻辑概念的认知意向状态是否构成性地仅依赖于现象状态。

发展内容内在论策略的第二种方式源自弗雷格。[29] 相比之下，罗素认为认知意向状态的内容是由其主要事项构成的——由它们所涉及的对象和属性构成，而弗雷格则认为认知意向状态的内容是由其主要事项的表达方式构成的——由它们所涉及的对象和属性的表达方式构成。[30] 某事物的表达方式也就是表征该事物的一种方式。关键是，同一事物的表达方式可能远远超过一种：

152 马克·吐温可能被认为是《哈克贝利·费恩历险记》的作者，或者是《汤姆·索亚历险记》的作者。这是关于一个人的不同表达方式。

为了理解弗雷格关于认知意向状态内容的观点的动机，请考虑以下两个信念：马克·吐温是马克·吐温，以及马克·吐温是塞缪尔·克莱门斯。这些似乎是不同的信念。如果一个人不知道马克·吐温的确是塞缪尔·克莱门斯，那么他可能只有第一个信念，但缺少第二个信念。是什么造成了这些信念的不同呢？对于这个问题，最自然的答案是它们有不同的内容。然而，如果我们采用罗素关于内容的观点，那么这个答案就不可用了。因为马克·吐温是塞缪尔·克莱门斯。所以，有并且只有这样一个人。如果"马克·吐温是马克·吐温"和"马克·吐温是塞缪尔·克莱门斯"这两句话，所表达的内容成分就是它们所涉及的对象和性质，那么它们就会挑选出相同的内容。至少从一个天真的罗素主义观点看，它不会要求用描述来取代"马克·吐温"和"塞缪尔·克莱门斯"。弗雷格主义的观点并没有面对这个问题。根据弗雷格主义的观点，这两个信念的内容是不同的，因为它们的组成部分是表达方式，并且与"马克·吐温"相关的表达方式不同于与"塞缪尔·克莱门斯"相关的表达方式。

到目前为止，我所说的任何都不能说明表达方式如何有助于发展内容内在论策略。从目前所说的内容中，我们可以看出，表达方式如何使我们能够区分关于同一事物的两种认知意向状态。然而，我们正在寻找的是一种识别与不同事物相关的认知意向状态的方法。所以我们必须对表达方式做另一种假设。我们必须假设，某一个表达方式可能是不同事物在不同背景下的同一个表达方式。比如，以马克·吐温的表达方式为例，相关联的是把他看成是《哈克贝利·费恩历险记》的作者。根据当下目标所需的对表达方式的理解，如果有其他人写了《哈克贝利·费恩历险记》，那种表达方式本身将成为另一个人的表达方式。[31]

现在让我们回到奥斯卡和孪生奥斯卡。如果我们按照天真的罗素主义路线来思考他们的认知意向状态，那么他们一定是不同的：奥斯卡的思想包含作为成分的 H_2O；孪生奥斯卡的思想包含作为成分的 XYZ。发展内在论策略的弗雷格式的（Fregean）方法背后的基本观点是：即使存在这些明显不同的罗素主义认知意向状态，也存在一个共同的弗雷格式的认知意向状态，但这种认知意向

153 状态是由奥斯卡和孪生奥斯卡的共同现象状态决定的。这个共同的弗雷格式的认知意向状态将有一个共同的表达方式（作为组成成分）——当它出现在"地球思想"中时，它是 H_2O 的表达方式；当它出现在"孪生地球思想"中时，它是 XYZ 的表达方式。同样的观点可能也适用于我们在前面考虑过的其他案例。例如，当奥斯卡和孪生奥斯卡思考他们用"曲线"这个词表达的思想时，他们

的思想指向的是不同的数学类型，但他们可以通过相同的表达方式来表达。

对于这种策略的主要担忧是，目前尚不清楚这些表达方式究竟是什么。当我介绍一个表达方式的观念时，我使用了描述这个概念。例如，"《哈克贝利·费恩历险记》的作者"这个描述选定了对马克·吐温的一种表达方式。如果我们问，在奥斯卡和孪生奥斯卡使用术语"水"表达的弗雷格式的认知意向状态中，他们使用的表达方式是什么，我们可能会说它是由"我周围的水性物"挑选出来的。而且，如果我们问，在奥斯卡和孪生奥斯卡使用术语"曲线"表达的弗雷格式的认知意向状态中，他们使用的表达方式是什么，我们可能会说它是由"一根线条变形所产生的那种图形"挑选出来的。

因此，关于表达方式的一种观点是：每个表达方式都是由相应描述所指的对象和属性构成的一个复合体。可是，如果这就是表达方式的含义，那么所考虑的弗雷格式的策略与上述描述主义策略相比没有任何优势。它比天真的罗素主义观点更有优势。但是，它与描述主义的罗素主义观点相比没有任何优势。

关于表达方式的另一种观点是：每个表达方式都是由相应描述所表达的一个条件。这是一种不同的观点，因为两种描述可以指向不同的对象和属性，但却可以表达相同的条件。例如，考虑一下"表面上像 H_2O 的物质"和"表面上像 XYZ 的物质"这两种描述。它们指向了不同的事物，但也可以说它们表达了相同的条件，由于在相关的意义上物质在表面上像 H_2O 一样，当且仅当在相关意义上它在表面上就像 XYZ 一样。所以，只有当奥斯卡能够处在认知意向状态（其内容包含作为成分的 H_2O），奥斯卡和孪生奥斯卡才能够都处在认知意向状态，其内容包含一个条件，即存在表面上像 H_2O 一样的某物作为成分。我们指向 H_2O 是为了挑选出条件。但是，我们同样也可以用 XYZ 来指明这个条件。挑选条件的方式是一回事，条件本身是什么则是另一回事：这个条件有其自身的同一性，不受我们挑选方式的影响。

虽然如此，人们仍然想知道这个同一性是什么。关于表达方式出现了各种各样的问题，比如：有哪些表达方式存在？对一个思考者来说，一种表达方式什么时候可以使用及为什么使用？在给定背景的条件下，表达方式如何确定指涉物和真实性以及准确性条件？在没有对表达方式的同一性给予一定解释的情况下，很难看出如何对这些问题给出原则性的答案。但是，如果我们想要评估认知现象意向性的合理性，这些恰恰是我们需要给出原则性答案的问题。

现在，引入"内涵"这个概念。发展内容内在论策略的第三种方式可以被视为试图解释表达方式是什么。其基本观点是，它们是内涵。目前对这个概念的理解源自卡尔纳普。[32] 我们可以用其他两个概念来解释它。第一，存在着可能世界的空间。这个世界存在着不同的极为具体的方式，每一种这样的方式都

154

是一个可能世界。并且所有这些方式一起形成了可能世界的空间。第二，相对于一个可能世界，一个概念或思想存在着外延。以作家这一概念为例。在现实世界中，这个概念适用于一定的个体集合。这个集合就是它相对于现实世界的外延。在另一个可能世界中，不同的个体会成为作家。相对于这个可能世界，作家概念的外延将是另一个不同的个体集合。同样，以"马克·吐温是一位作家"这个思想为例。在现实世界中，这个思想是真的。真值意义上的真是它相对于现实世界的外延。在另外一个可能世界里，马克·吐温不是一位作家。相对于那个可能世界而言，"马克·吐温是一位作家"这个思想的外延真值为假。与一个概念或思想相关联的内涵就是一个函数，它编码了概念或思想在每个可能世界中的外延的信息：它是一个从可能世界空间到外延的函数。

那么，考虑一下奥斯卡认为"水是清澈的"这一思想。与奥斯卡的"清澈的"概念相关的内涵是一个函数，它以一个可能世界作为输入，并以返回那里的清澈的事物作为输出。如果给定现实世界作为输入，它会返回一个包含水和其他事物的集合作为输出。如果给定某些其他可能世界作为输入，它可能返回一些不同的集合作为输出。与奥斯卡的"水"概念相关的内涵是一个函数，它以一个可能世界作为输入，并以返回那里的水作为输出。如果给定现实世界作为输入，它返回 H_2O 作为输出。如果给定一些其他可能世界作为输入，它可能以返回除 H_2O 以外的东西作为输出吗？在这种情况下，答案可能是否定的。"水"的概念和"清澈的"概念是有所不同的。清澈的东西可能以前并不清澈，不清澈的东西可能曾经是清澈的。但是，似乎水必然是 H_2O。它的化学组成是其潜在的特性，而潜在的特性是必不可少的。[33] 奥斯卡的整体思想是"水是清澈的"，那么相对于一个可能世界 w，假定在 w 中 H_2O 是清澈的，与之相关的内涵将是真实的。

上述的最终结论是，内涵不会自动为我们提供资源，以解释狭义认知意向状态的内容可能包含什么。当奥斯卡说"水是清澈的"时，他表达的思想相对于一个可能世界 w 是真的，当且仅当在 w 中 H_2O 是清澈的。当孪生奥斯卡说"水是清澈的"时，他表达的思想相对于一个可能世界 w 是真的，当且仅当在 w 中 XYZ 是清澈的。这些都是不同的内涵。因此，如果他们的思想的内容是这些内涵，那么他们的思想是不同的。我们还没有发现奥斯卡和孪生奥斯卡共同的认知意向状态。

有不同的方式可以详细阐述对内涵的使用，以便可以更好地服务于内容内在论的目的。查尔默斯对这个项目进行了最彻底的研究。[34] 激发他研究方法的基本观点是，即使"水是 H_2O"是必然的，但是"水是 H_2O"却不是先验地可知的。你无法仅仅通过对水进行认真的思考，就能够判断出"水是 H_2O"。相

155

反，你必须去观察相关的事物。由于"水是 H_2O"是必然的，所以这个世界并不存在最具体的方式，使得"水不是 H_2O"。也就是说，不存在一个"水不是 H_2O"的可能世界。然而，由于"水是 H_2O"不是先验地可知的，因此我们能先验地得出的仅仅是，这个世界可能存在一种最特殊的情况，其中"水不是 H_2O"。如果你考虑到关于这个世界可能存在的最特殊描述，并且你允许任何东西进入其中一个描述，只要它不能被先验地排除且与描述中的其他所有内容一致，那么就会有这样一种描述，其中"水不是 H_2O"。比如，可能存在一种描述，根据这个描述"水是 XYZ"。这不是真正的可能性，但也不是我们可以先验地排除的。查尔默斯将世界可能存在的最特殊方式，就我们先验地所了解的而言，称为认识论上的可能场景，或者简称为场景。因此，即使不存在"水不是 H_2O"的可能世界，也存在着一种认识论上"水不是 H_2O"的可能场景——在这种情况下，也就是说，水反而是 XYZ。

认识论上的可能场景不同但类似于可能世界。这暗示了一种类似于内涵结构的建构，但是它用场景取代了可能世界。查尔默斯把新建构的结果称为基本内涵或认知内涵。简要概括一下，并将不影响我们目的的许多细微差别搁置一边，这个建构过程可描述如下。第一是存在着场景空间。对所有我们可以先验地说出的东西而言，它们是世界可能存在的不同的最特殊的方式。第二，如果给定任何一个场景和任何一种思想，那么就会有一个程序为该思想相对于该场景赋予一个真值，即你假设该场景就是实际上被证明的情况，并推理这个思想在这一假设下最终是否为真。现在以"水是 H_2O"这个思想为例子。考虑一个场景，其中 H_2O 是水性物。如果这个场景就是实际上被证明的情况，那么"水就是 H_2O"。所以相对于这个场景而言，"水是 H_2O"的思想是真的。现在考虑另一个场景，其中 XYZ 是水性物。如果这个场景就是实际上被证明的情况，那么"水不是 H_2O"——相反，它是 XYZ。因此，相对于这个场景，"水是 H_2O"的思想是错误的。然而，如果我们想当然地认为水实际上就是 H_2O，并将这些场景视为反事实场景，那么我们将会得到不同的结果。如果我们采用了那种程序，那么"水是 H_2O"的思想相对于这两种场景来说都是真的。至于在其中 XYZ 是水性物这个场景，我们会说，除了水以外的某种东西即 XYZ，它是水性物。与一个思想相关的认知内涵，它编码了查尔默斯提出的替代程序的结果，即它是一个从场景空间到真值的函数——其中，这些真值是通过将场景视为关于实际世界的假设，而非视为反事实的假设来确定的。

让我们回到奥斯卡的思想，即"水是清澈的"。与奥斯卡的思想相关的标准内涵是一个从可能世界到真值的函数，以致只要在一个可能世界 w 中 H_2O 是清澈的，那么相对于可能世界 w，孪生奥斯卡的思想就是真的。与思想相关

156

的认知内涵是一个从场景到真值的函数，以致只要在一个场景 s 中这个水性物是清澈的，那么相对于场景 s，奥斯卡的思想就是真的。如果在 s 中这个水性物是 XYZ，而且是 XYZ 而不是 H_2O 是清澈的，那么奥斯卡的思想在 s 中仍然是正确的，因为正如我们在上面看到的，在 s 中水是 XYZ。现在考虑一下孪生奥斯卡通过说"水是清澈的"来表达的思想。与孪生奥斯卡的思想相关的标准内涵是从可能世界到真值的函数，以致只要在一个可能世界 w 中，XYZ 是清澈的，那么相对于可能世界 w，孪生奥斯卡的思想是真的。与奥斯卡的思想相关的认知内涵是一个从场景到真值的函数，以致只要在一个场景 s 中水性物是清澈的，那么相对于场景 s 孪生奥斯卡的思想是真的。如果在 s 中这个水性物是 H_2O，而且是 H_2O 而不是 XYZ 是清澈的，那么在 s 中孪生奥斯卡的思想仍然是真的，因为正如我们上面看到的，在 s 中水是 H_2O。因此，即使奥斯卡和孪生奥斯卡在思想中会联系不同的标准内涵，但他们联系的认知内涵仍然是相同的。内容内在论者可以将共同的认知意向状态，与一个涉及共同认知内涵的思想状态进行识别。

认知现象意向性的前景如何？我将简要说明抑制乐观主义的三个理由。

第一，人们可能会对认知内涵的总体建构产生担忧。他们认为，必须有一种语义上中立的语言来描述场景。粗略地说，这种语义上中立的语言的语义属性不依赖于广泛的因素。它包含的术语和我们一直借用的术语"水性物"的作用一样，而不是像"水"这样的术语的作用。而且，如果给定了用这种语言描述的任何场景和任何思想，那么在假设该场景为现实的前提下，对于这个思想是否为真的问题一定有一个先验的答案。是否存在这样一种语言是有争议的，而对这种语言来说一种先验的答案是存在的。[35]

第二，认知内涵的建构可能不能真正提供一种关于表达方式的良好解释。考虑如下两个信念：曲线就是曲线；曲线是单位区间上的连续映射。这些看起来似乎是不同的信念。如果一个人不知道曲线是单位区间上的连续映射，那么他可能会有第一种信念而没有第二种信念。对于这些信念之间的区别，最自然的回答是它们具有不同的内容。这刚好和我们在前面采用的推理思路是一样的，即我们考虑"马克·吐温是马克·吐温"和"马克·吐温是塞缪尔·克莱门斯"两个信念时候的思路。如果表达方式分辨出了关于作者的两种信念，那么它们也应该区分关于数学上的那种信念。但是，这两种信念都与同样的认知内涵有关。其理由是，曲线是单位区间上的连续映射是先验的。无论是"曲线就是曲线"还是"曲线是单位区间上的连续映射"的信念都与认知内涵有关，而它会在任何认知上可能的情境输入下返回真值"真"。这使人怀疑表达方式是否应该被等同于认知内涵。[36]

第三，与一种思想相关的认知内涵可能不仅仅取决于它的现象特征。认知内涵在一些广泛的因素之间是中性的，但这并不意味着它们只是依赖于现象特征。也许它们也取决于推理倾向。为什么相对于一个场景 s，当且仅当水性物在 s 中是清澈的时候，奥斯卡认为水是清澈的这个思想才是真的？其中一个答案是，至少部分是因为奥斯卡——或者经过适当理想化的奥斯卡——具有做出判断的推理倾向，这个推理倾向是：只要在 s 中这个水性物是清澈的，那么水是清澈的思想相对于场景 s 就是真的。如果奥斯卡的推理倾向不是这样，那么与奥斯卡的思想相关的认知内涵就会不同。但正如我们在考虑逻辑概念时所看到的，现象状态的同一性并不保证推理倾向的一致性。即使我们考虑到随着时间变化的现象状态，这仍然是正确的。假设奥斯卡和孪生奥斯卡在他们的一生中都是现象上的复制品，仍然会有一些判断，他们永远不会被要求去做。并且，就这些判断而言，奥斯卡和孪生奥斯卡可能会有不同的推理倾向。

让我们转向另一种解决支持和反对认知现象意向性的论证之间的紧张关系的选项。这个选项是对认知现象意向性命题进行限定，使其成为关于部分决定的命题而不是关于完全决定的命题——采用我所说的部分决定论。也许现象状态在决定认知意向状态方面起到了一定的作用，但是如果没有来自广泛的、非现象的因素的帮助，它们就无法完成这项工作。如果这种观点是正确的，那么认知现象意向性的论证就是具有误导性的。它意味着一种现象状态足以成为一种意向状态。但事实并非如此。也许我们被误导了，因为当我们心中有一种认知状态并且想象这种状态的现象复制品时，我们还会隐含地设想一些必要且广泛的非现象因素也同时在场。

我认为，这种观点要求将决定关系理解为一种基础性问题而非必要性问题。必要性意味着要么完全存在，要么完全不存在，即一种现象状态要么暗示了一种认知意向状态，要么没有。人们可能会说，只要一种现象状态加上某个补充说明后，它们共同暗示了一种认知意向状态，那么这种现象状态就部分地暗示了认知意向状态。但这种观点还不具备充分的区分性。人们可以对与意向性无关，甚至与心灵无关的任何其他状态说同样的话。基础性是不一样的问题。如果一辆车停靠在消防栓旁边，那么有道理的说法是，这个事实部分地构成了车辆违规停放的基础。它只是一个部分的基础，因为完整的基础取决于关于停车的法律。但至少它是一个部分的基础，因为车辆停在消防栓旁边的事实与车辆是非法停放的这个事实，两者具有解释上的相关性。基础性可以恰好是部分的，因为它是一种解释性关系，因此有一个解释相关性的概念适用于它。

我们已经观察到，现象状态作为认知意向状态的基础这种观点存在一些困难。在这里，我认为这些困难会变得更加严重。如果我们假设一些现象状态为认知意向状态提供了基础，那就引发了一个问题：现象状态本身是什么？早些时候，我们考虑过将基础性观点与现象状态视为和认知意向状态相同的观点相结合起来的前景。但在这里，那个选项被排除了。因为，如果现象状态与认知意向状态相同，那么它们就会使认知意向状态成为必要。但我们现在使用的假设是，现象状态不必然需要有认知意向状态，它们需要一些来自广泛的非现象因素的补充说明。

　　另一个选项认为，部分地构成了认知意向状态基础的现象状态是认知的"原始感觉"或认知的"非意向的感受性"。[37] 它们是感觉或感受性，是因为它们是现象状态。它们是认知的，是因为完全的感觉状态不足以满足它们的要求。并且，它们是原始的或非意向的，因为它们本身不是意向状态，它们并没有意向内容。如果有这样的状态，这可能是令人惊讶的。但我并不认为这是荒谬的。它们将是许多作家相信在感觉经验中存在的东西的认知版本。[38] 我们没有观察到这种认知意义上的原始感觉，并不意味着它们不存在。认知原始感觉属于现象状态类型。然而，每当这种类型被实例化的时候，可以推测该实例是一种或另一种具有特定内容的现象上有意识的认知意向状态。这是因为，每一个这样的实例都发生在一个包括了一系列非现象因素的背景中，而这些因素则是完全确定这些内容所必需的。因此，我们从未找到仅作为认知原始感觉的心理状态实例，以供挑选和思考。

　　我认为，这个选项的主要问题在于它面临着一个两难困境。对内容施加一些限制要么是认知原始感觉的本质的一部分，要么不是。现在来考虑第一个选项。也许当奥斯卡和孪生奥斯卡分别思考通过说"水是清澈的"所表达的思想时，他们分享了一种认知上的原始感觉，这种感觉限制了他们对一些水性的自然类或其他自然类的清澈程度的有意识的判断。这个选项让人担忧的是，如果不诉诸某种狭义内容的概念，很难看出如何从细节上解释清楚它。看起来，似乎共享的认知原始感觉并不是真正的非意向的；相反，它是一种狭义的认知意向状态，代表着那种水性物（无论最终是什么自然类）都是清澈的。[39] 接着，我们考虑第二个选项。也许当奥斯卡和孪生奥斯卡都在思考他们通过说"水是清澈的"所表达的思想时，他们分享了一种认知上的原始感觉，我们把这种感觉挑选出来作为思考者所共有的现象状态，此时思考者在有意识地断言某种水性的自然类的清澈程度。这只是我们挑选出现象状态的方法。但这种现象状态的本质并不取决于我们如何挑选它。[40] 所以，即使我们通过与意向状态的关系挑选出了现象状态，这种现象状态本身也可能不是任何意义上的意向性。对于这个选项的担忧在于，很难看出为什么这样的现象状态应该在认知意向状态的基础上发挥作用。也许这样一种认知原始感觉是存在的，但它在认知意向状态的基础上可能发挥的作用仍然是个谜。

注　　释

1 见 Quine（1960）。

2 见 Kripke（1982）。

3 见 Fodor（1987）的说法。

4 这一想法可以在 Searle（1987）、Horgan 和 Graham（2012）以及 Strawson（2011）中找到。

5 见 Jenkins（2011）以及 Kriegel（2013）。

6 Kriegel（2011）的观点似乎包含了这种结构。

7 例如，见 Boghossian（1989）以及 McDowell（1981，1984）。

8 见 Bayne（2009：22）。转载于 Hawley 和 Macpherson（2011）。

9 见 Brogaard（2013：39）。

10 见 Brogaard（2013：39）。

11 见 Siewert（1998：221）。

12 见 Siewert（1998）以及 Horgan 和 Tienson（2002）。

13 见 Chalmers（2002b：527），参见同上。

14 见他们的尾注 23。

15 例如，参见 Lakatos（1976）。

16 约翰·麦克道威尔（John McDowell）在他的多部作品中有力地捍卫和详细地阐述了这种论证方式，这些作品收录在《麦克道威尔 1998》一书中。另见 Burge（1977）、Evans（1982）以及 Kripke（1980）。

17 见 Putnam（1975）、Burge（1979）以及 Kripke（1980）。

18 见 Putnam（1975）。

19 这一推理路线与伯奇的工作最相关。见 Burge（2007）中的文章。

20 见 Burge（1979）。

21 见 Sellars（1954）、Block（1986）以及 Brandom（1994）。

22 参见 McDowell（1979），以了解与规范概念建立联系的一种方法。

23 见 Williamson（2007）。

24 见 Harman（1990）、Tye（1995）以及 Lycan（1996）。

25 例如，见 Block（1990）。

26 见 Russell（1903，1905，1910，1912）。

27 该策略的版本见 Searle（1983）以及 Mendola（2008）。

161

28 参见 LePore 和 Loewer（1986）。

29 它是在知觉现象意向性的基础上发展起来的，见 Chalmers（2006a）以及 Thompson（2010）。

30 见 Frege（1948，1956）。

31 这个假设是有争议的。一些支持弗雷格关于内容的观点的人也否认它。例如，见 Evans（1982）以及 McDowell（1998）的论文。

32 见 Carnap（1947）。

33 见 Kripke（1980）。

34 尤其见 Chalmers（2006b，2012）。

35 一些评论文章，见 Byrne 和 Pryor（2006）、Block 和 Stalnaker（1999）、Schroeter（2014）以及 Neta（2014）。查尔莫斯对早些时候的批评作出了答复，见 Chalmers（2012）；对施罗特和内塔的答复见 Chalmers（2014）。

36 关于这种担忧的详细说明，见 Stanley（2014）。查尔默斯也进行了回应，见 Chalmers（2014）。

37 我认为类似这种观点的想法可以在 Husserl（1997，1982），可能还有 Loar（2003）以及 Strawson（2011）中找到。

38 例如，见 Husserl（1997）、Block（1990，2003）以及 Peacocke（1983）。

39 也许在相对主义语义学的文献中所提出的一些技术手段，将为开发一种明显不同于标准内容内在主义的替代方案提供资源。请参阅 MacFarlane（2005），以了解相对主义语义学的介绍，并请参阅 Brogaard（2010，2012）以及 Farkas（2008a，2008b），以了解对现象意向性的潜在应用。

40 关于这类观点的有启发性的讨论，以及它在关于知觉体验的谜题中的应用，请参阅 Nida-Rümelin（2011）。

162 拓 展 阅 读

参见 Montague（2010），从总体上对现象意向性的背景和文献，以及认知现象意向性进行了有益的考查。Block（1990）、Harman（1990）、Siewert（1998）、Horgan 和 Tienson（2002）以及 Loar（2003）等，这些早期讨论铺开了许多基本问题。Pitt（2009）、Strawson（2011）以及 Kriegel（2011）关于如何实施克里格尔所说的现象意向性研究计划展现了不同的思路。Chalmers（2004）是对现象性内容不同思考方式的有益探讨。

结　　论

让我们系统地梳理一下。在引言中，我区分了四个命题：

现象在场：一些认知状态的存在使人置身于现象状态中。

不可还原性：一些认知状态会使人处于现象状态中，却没有任何完全的感觉状态满足这些现象状态的要求。

独立性：一些认知状态使人置身于不依赖感觉状态的现象状态中。

认知现象意向性：一些现象状态决定了认知的意向状态。

现象在场应成为共同的基础：每个人都会同意某些认知是现象上有意识的，即使对其中所涉及的现象状态的性质存在分歧。

我认为，不可还原性是认知现象学支持者和反对者争论的主要焦点。支持它的论证包括内省论证、对某些形式的自我知识的最佳解释的推论、现象对比论证及价值论证。虽然我认为其中有些论证是非决定性的，有些是不合理的，还有些是辩证法上较弱的，但总的来说，我认为赞成不可还原性的理由是相当强大的，应该被接受。反对它的主要论证包括内省论证、从思想的时间结构出发的论证，以及和独立性（第三个命题）纠缠在一起的影响相关的论证。我认为这些论证没有任何一个经得起推敲。

独立性和认知现象意向性比不可还原性更强，因为它们意味着不可还原性，但不可还原性并不隐含着它们。独立性在现象整体论的立场上是值得怀疑的。认知现象意向性的地位在我看来是一个悬而未决的问题。

认知现象学的重要意义是什么？在引言中，我区分了认知现象学可能涉及的三个领域：认识论、价值论和语义学。但那是在深入探讨认知现象学承诺的具体内容之前。现在，既然我们已经把不可还原性作为主要问题加以孤立，并且通过探讨赞成和反对它的各种论据来阐明其内容，那么有必要重新考虑一下所有这些让人不理解和反对的事情。

认知现象学对于认识论、价值论和语义学都具有非常重要的意义，我将通过勾勒一条支持这个思想的推理路线，从而得出结论。这个想法是，现象学一般是通过觉知的概念与这些领域相联系的，而认知现象学则主要通过关于抽象现实的觉知概念与这些领域相联系。

回顾一下，觉知是一个主体和一个客体之间的双元确定关系。例子包括：看到一只扁尾角蜥蜴，听到一只鸟的啁啾声，感觉到被一只蚊子叮咬。在每一种情况下，你都意识到某个事物，部分原因是它与某种背景有着明显的不同。以扁尾角蜥蜴为例。如果扁尾角蜥蜴背靠着沙子伪装起来，那么即使它在那儿，并且它是你处于任何现象状态的直接的部分原因，你也不会在视觉上意识到它。所以在觉知和现象学之间存在着一个连接点。这个连接点正是伪装所要利用的：伪装通过阻止觉知获得这种必要现象条件来阻碍觉知的实现。

假设它没有被伪装，而且你能从视觉上看到扁尾角蜥蜴。似乎合理的是，因为你意识到这一点，以下三点会随之而来。第一，你可以在指示性思维中挑选出蜥蜴。也就是说，你可以拥有通过说"那是一只扁尾角蜥蜴"而表达的思想，并且在你使用"那"这个指示性概念的时候，你指的就是你所看见的那只蜥蜴。这是在觉知和语义学之间的连接。第二，你将处于一个能够对蜥蜴做出判断的位置。假定你想知道附近是否有一只蜥蜴。你之前并不知道。接着，你看到了这只扁尾角蜥蜴。现在你知道了。因为你看到了扁尾角蜥蜴，你知道附近有一只蜥蜴。这是在觉知和认识论之间的连接。第三，你可以思忖将蜥蜴考虑为审美对象来接受。假设我告诉你关于扁尾角蜥蜴的奇妙之处，但你自己却从来没有见过这样的蜥蜴。然后你会了解到扁尾角蜥蜴的奇妙之处，但你自己却没有体验到这些。对扁尾角蜥蜴的视觉觉知造成了这种差异。而且，就体验奇妙之处是一件好事而言，觉知和价值理论之间也存在着这种连接。

前文指出，感觉现象学至少对某些思想、知识和具体事物的欣赏是必不可少的，由于它与感觉觉知有关。似乎合理的情形是，同样的模式也存在于认知的情况中：认知现象学通过与理智觉知的联系，至少对一些思想、知识和对抽象事物的鉴赏是必不可少的。

考虑以下来自胡塞尔的观点：

一个记忆意识——例如，关于一片风景的记忆——这片风景通常不是直接展示的；这片风景并没有被当作假如我们在现实中看见它时它真实的样子。通过这些话，我们并不是说记忆意识本身没有它自己的能力，我们只是说它不是"看"的意识。现象学揭示了在*其他每一种假定的*心理过程中这种对比的相似性。例如，我们可以"盲目"地断言，2+1=1+2；但是我们也可以用知性洞察的特有方式做出同样的判断。当我们这样做时，以谓语的形式形成了事件复合体，即与综合判断相对应的综合客观性，它原初地被给予，并以一种原始的方式被把握。[1]

胡塞尔提出了两个对比：知觉与记忆的对比；直觉——"智见"（intellectual

seeing）（审校注）——与盲目的判断的对比。我可能会想起一片风景。我可能会对它有一些说明性的想法，回顾一下我对它的了解，欣赏它的美丽。但我做这些事情的能力取决于我对风景的先前感知：正是先前的感觉觉知让我能够进行说明性的思考，给了我知识，让我有能力去欣赏。这就是为什么感知是"原初的"。胡塞尔认为，直觉和思想、知识和对抽象真理的鉴赏，比如 2+1=1+2 的真理，或者加法具有可交换性这个更一般的真理，它们之间存在着类似的关系。假设有人告诉我加法是可交换的，但我自己本身并没有"看见"这一点。那么，我很可能相信加法是可交换的。但这将是一种盲目的判断。但是，假设我自己确实"看见"了它。这主要依赖什么呢？根据胡塞尔的说法，这主要在于抓住密切相关的"事件复合体"（affair-complex）。这意味着它主要在于对加法是可交换的这个事件状态的觉知。这不是感觉觉知（sensory awareness），它是一种理智觉知（intellectual awareness）。与感觉觉知一样，理智觉知也是"原初的"：它是指示性思想、知识的根据，以及欣赏的恰当位置。在这种情况下，这种思想、知识和欣赏的对象是抽象的而不是具体的。

在前几章中，我们考虑的一些例子支持胡塞尔的观点。在第二章中，我们考虑了这个直觉的例子：你直觉到"如果 $a<1$，那么 $2-2a>0$"，并且在你这么做的时候，你似乎意识到了相关的"事件复合体"，即 a 小于 1 使得 $2a$ 小于 2，所以 $2-2a$ 大于 0。在第三章中，我们考虑了欣赏证明 $(a+b)^2 \geq 4ab$ 的迷人魅力。正如所有的审美欣赏一样，这取决于人们对证明的觉知，或者至少似乎是对证明的觉知。我们没有考虑一个案例，即对抽象对象的觉知是指示性思想的基础这个例子。但是，在已经考虑过的案例的基础上发展一个是很容易的。假设我对你说，"有一个迷人的证据证明 $(a+b)^2 \geq 4ab$"，而且你回答说，"我想看见它"。你可以去思考这个证明，而不必对它有理智觉知。但这种能力取决于"我自己"的陈述。假设你意识到了这个证明。然后这种觉知会使你有能力思考一个你通过言语要表达的思想——你说"那个证明是很迷人的"，而你对词语"那个"的使用就对应着一种能力，即拥有关于证明的指示性思想的能力，而证明本身不依赖任何人的陈述，而仅仅取决于你对证明的觉知。

如果这些关于理智觉知的胡塞尔式思想是正确的，那么认知现象学对于认识论、价值论和语义学来说就有重要的意义。理智觉知，就像任何一种觉知一样与现象学有关：理智觉知的对象并不必然是被伪装的。在这里，我们不倾向于使用"伪装"这个词，它听起来很奇怪。也许有更好的术语可以用于知识上的类比，比如"模糊"和"混乱"。然而，术语并不重要。重要的是，与感觉觉知一样，理智觉知也有必要的现象学条件。理智觉知的对象必须在现象上从认知背景中脱颖而出，而不是融入认知背景。然而，在这种情况下，令人难以

166

167

置信的是，相关现象学是感觉的，或者确切地说是完全感觉的。比较清楚的是，视觉现象学也许就是如此被结构化的，以致在其中蜥蜴从沙子和树叶的背景中突显出来。但是，还不清楚的是，视觉现象学是如何被结构化的，以致在其中加法或交换性从其他的运算和性质如乘法和结合性中脱颖而出。因此，这些事情表明，我们需要认知现象学。

注　　释

1. Husserl（1982：326-327）。

词　汇　表

a priori justication 先验的（正当）理由。传统上，先验的（正当）理由被认为是独立于经验的理由，其中"经验"被假定为感觉经验。

awareness 觉知。觉知的对象可以以明显的方式被挑选出来，因为它们在现象上与背景有所不同。

cognitive phenomenal intentionality 认知现象意向性。它是指主张某些现象状态决定认知意向状态的命题。

cognitive phenomenal state 认知现象状态。它是完全感觉状态不足以满足它的需要的那种现象状态。

cognitive state 认知状态。部分认知状态是指以认知方式表征其部分内容的状态，而完全认知状态是指以认知方式表征其全部内容的状态。

cognitive ways of representing 认知方式表征。不依赖于环境见证者的当下觉知或类似于此种觉知状态的表征方式。

conscious thought in the narrow sense 狭义的有意识思想。一种有意识的认知状态，它具有命题态度结构。

environmental witness 环境见证者。一个命题的环境见证者是指在一个时空区域内，要么使命题为真，要么指示命题为真的某种事物。

epistemic externalism 认知外在主义。认知外在主义者否认，一个人被证明相信什么所涉及的事实，取决于他仅仅通过反思（即通过内省和先验推理）能够确定的事实。

epistemic intension 认知内涵。一种函数，用于编码一个思想相对于不同假 设被评估时的真值的变化情况，而这些假设涉及最终实际情景的可能性。

epistemic internalism 认知内在主义。认知内在主义者断言，一个人被证明相信什么所涉及的事实，取决于他仅仅通过反思（即通过内省和先验推理）能够确定的事实。

extension 外延。一个思想的外延就是它的真值；一个思想的组成部分（如名词性和谓语性概念）的外延是指那些有助于确定该思想的真值的项目。例如，对于名词性概念，其外延指的是个体，而对于谓语性概念，其外延指的是集合。

final value 最终价值。某物因为它本身的理由而具有的价值。

fitting attitude theories of value 适当态度价值理论。将具有价值定义为成为适当评估态度的对象的理论。

Fregean content 弗雷格式内容。这种内容是由对象和属性的表达方式构成的，它们都是其主要的事项。

Gestaltism 格式塔主义。这种观点认为，某些部分现象状态依赖于它们所属的整个现象状态。

grounding 基础性（根据）。在非因果解释中被引用的"由于"关系，通常由"因为"一词挑选出来。

high-level perceptual content 高层次感知内容。这种感知内容超越了颜色、形状、音高等诸如此类的内容，因为它表征的是诸如语义属性、人工制品类、自然类和因果关系等特征。

independence 独立性。这个命题的内容是：一些认知状态使人处于独立于感觉状态的现象状态。

instrumental value 工具价值。某事物作为实现其他目的的手段时所具有的价值。

intension 内涵。一种函数，用于编码一个思想相对于不同的可能世界被评估时的真值的变化情况。

intentional content 意向内容。它是我们用"that"从句描述的事物，相对于世界可能存在的不同方式，它可以被评价为真或假，以及在多大程度上是精确的。

intentional state 意向状态。一个本质上具有特定意向内容的心理状态。

irreducibility 不可还原性。这个命题指出，有些认知状态使人处于现象状态，却没有任何完全的感觉状态满足这些现象状态的要求。

low-level perceptual content 低层次感知内容。感知内容被限制于颜色、形状、音调等内容，不包括诸如语义属性、人工制品类、自然类和因果关系等特征。

mode of presentation 表达方式。表征对象或属性的一种方式。

negative conceivability 消极的可想象性。当一个事态在先验上不是不一致的时候，它是可以消极地设想的。

partial zombie 部分僵尸。一种在功能上与正常人相似但在一定范围内缺乏现象状态的生物——例如在特定的感觉模态中。

170　phenomenal event or state 现象事件或状态。根据其现象特征而被界定的心理事件或状态。

phenomenal holism 现象整体论。这种观点认为，在一个整体的现象状态中，所有的部分现象状态都依赖于这个整体的现象状态。

phenomenal intentionality　现象意向性。这个命题指出，一些现象状态决定意向状态。

phenomenal presence　现象在场。这个命题指出，一些认知状态会使人处于现象状态之中。

phenomenal value　现象价值。因为现象学所具有的价值。

phenomenally conscious event or state　现象上有意识的事件或现象上有意识的状态。每当出现的时候，都会具有现象特征的一种心理事件或状态，尽管在不同的场合可能有所不同。

positive conceivability　积极的可想象性。如果你可以想象一种情境，并且在该情境下一个事态是可以获得的，那么该事态就是可以积极地设想的。

possible world　可能世界。这个世界可能存在的一种最具体的方式。

proposition　命题。用"that"从句挑选出来的那种事物，并且根据世界可能存在的不同方式，可以被评价为真或假。

propositional attitude　命题态度。一种心理状态，它是由对命题持有的一种态度（例如相信或渴望）构成的。

purely cognitive phenomenal state　纯粹认知现象状态。一种现象状态，完全的认知状态能充分满足它的要求。

rational regret　理性的遗憾。即使一个人追求了更好的选择，他对之前放弃的一个选项感到遗憾也是理性的。

Russellian content　罗素主义的内容。这种内容是由对象和属性构成的，它们都是它的主要的事项。

scenario　场景。从我们可以先验地判断的角度来看，它是这个世界可能存在的一种最具体的方式。

sensory phenomenal state　感觉现象状态。完全感觉状态能够充分满足其要求的一种现象状态。

sensory state　感觉状态。部分感觉状态是指以感觉方式表征其部分内容的状态，而完全感觉状态是指以感觉方式表征其全部内容的状态。

sensory ways of representing　感觉方式表征。这种表征方式依赖于对环境见证者的当下觉知或类似于此种觉知的状态。

transparency　透明度。这种观点认为，当一个人注意到一个现象上有意识的状态时，这个人关注的是在该状态下呈现的对象，而不是状态本身。

vehicle of thought　思想载体。一个可以感觉到的事项，它表达的是一个思想的内容。

vehicle proxy 载体代理。这个命题指出，如果一个有意识的思想对一个人的整体体验造成了现象差异，那么这个差异的出现恰恰是因为该思想的载体有感觉表象。

zombie 僵尸。一种与正常人功能相同但缺乏现象状态的生物。

参 考 文 献

Anderson, Elizabeth (1997) "Practical Reason and Incommensurable Goods, "in Ruth Chang (ed.), *Incommensurability, Incomparability and Practical Reason*, Cambridge, MA: Harvard University Press, 90-109.

Armstrong, David M. (1968) *A Materialist Theory of the Mind*, London: Routledge.

Bayne, Timothy J. (2009) "Perception and the Reach of Phenomenal Content, " *Philosophical Quarterly* 59 (236): 385-404.

——(2010) *The Unity of Consciousness,* Oxford: Oxford University Press.

Bayne, Timothy J. , and Maja Spener (2010) "Introspective Humility, " *Philosophical Issues* 20 (1): 1.

Bayne, Timothy J. , and David J. Chalmers (2003) "What Is the Unity of Consciousness?" in Axel Cleeremans (ed.), *The Unity of Consciousness,* Oxford: Oxford University Press.

Bayne, Timothy J. , and Michelle Montague (2011) "Cognitive Phenomenology: An Introduction, "in Tim Bayne and Michelle Montague (eds.), *Cognitive Phenomenology*, Oxford: Oxford University Press, 2-34.

Beck, Jacob (2012) "The Generality Constraint and the Structure of Thought, " *Mind* 121 (483): 563-600.

Block, Ned (1986) "Advertisement for a Semantics for Psychology, " *Midwest Studies in Philosophy* 10 (1): 615-678.

——(1990) "Inverted Earth, " *Philosophical Perspectives* 4: 53-79.

——(2003) "Mental Paint, "in Martin Hahn and B. Ramberg (eds.), *Reflections and Replies: Essays on the Philosophy of Tyler Burge*, Cambridge, MA: MIT Press, 165-200.

Block, Ned, and Robert Stalnaker (1999) "Conceptual Analysis, Dualism, and the Explanatory Gap, " *Philosophical Review* 108 (1): 1-46.

Boghossian, Paul A. (1989) "The Rule-Following Considerations, " *Mind* 98 (392): 507-549.

Brandom, Robert B. (1994) *Making It Explicit: Reasoning, Representing, and Discursive Commitment*, Cambridge, MA: Harvard University Press.

Brogaard, Berit (2010) "Strong Representationalism and Centered Content, " *Philosophical Studies* 151 (3): 373-392.

——(2012) *Transient Truths: An Essay in the Metaphysics of Propositions*, Oxford: Oxford University Press.

——(2013) "Do We Perceive Natural Kind Properties?" *Philosophical Studies* 162 (1): 35-42.

Budd, Malcolm (2003) "The Acquaintance Principle, " *British Journal of Aesthetics* 43 (4): 386-392.

Burge, Tyler (1977) "Belief De Re, " *Journal of Philosophy* 74 (6): 338-362.

——(1979) "Individualism and the Mental, " *Midwest Studies in Philosophy* 4 (1): 73-122.

——(2007) *Foundations of Mind*, Oxford: Oxford University Press.

Burton, Robert Alan (2008) *On Being Certain: Believing You Are Right Even When You're Not*, New York: St. Martin's Press.

Byrne, Alex, and James Pryor (2006) "Bad Intensions, "in Manuel Garcia-Carpintero and Josep Macià (eds.), *Two-Dimensional Semantics: Foundations and Applications,* Oxford: Oxford University Press, 38-54.

Carnap, Rudolf (1947) *Meaning and Necessity*, Chicago: University of Chicago Press.

Carruthers, Peter, and Bénédicte Veillet (2011) "The Case against Cognitive Phenomenology, "in Tim Bayne and Michelle Montague (eds.), *Cognitive Phenomenology,* Oxford: Oxford University Press, 35-56.

Chalmers, David J. (1996) *The Conscious Mind: In Search of a Fundamental Theory*, Oxford: Oxford University Press.

——(2002a) "Does Conceivability Entail Possibility?" In Tamar S. Gendler and John Hawthorne (eds.), *Conceivability and Possibility*, Oxford: Oxford University Press, 145-200.

——(ed.) (2002b) *Philosophy of Mind: Classical and Contemporary Readings*, Oxford: Oxford University Press.

——(2004) "The Representational Character of Experience, "in Brian Leiter (ed.), *The Future for Philosophy,* Oxford: Oxford University Press, 153-181.

——(2006a) "Perception and the Fall from Eden, "in Tamar S. Gendler and John Hawthorne (eds.), *Perceptual Experience,* Oxford: Oxford University Press, 49-125.

——(2006b) "The Foundations of Two-Dimensional Semantics, "in Manuel Garcia-Carpintero and Josep Macià (eds.), *Two-Dimensional Semantics: Foundations and Applications*, Oxford: Oxford University Press, 55-140.

——(2012) *Constructing the World*, Oxford: Oxford University Press.

——(2014) "Frontloading and Fregean Sense: Reply to Neta, Schroeter, and Stanley, " *Analysis* 74 (4): 676-697.

Correia, Fabrice, and Benjamin Schnieder (2012) *Metaphysical Grounding: Understanding the Structure of Reality*, Cambridge: Cambridge University Press.

Dainton, Barry (2000/2006) *Stream of Consciousness: Unity and Continuity in Conscious Experience*, London: Routledge.

Dennett, Daniel C. , and Marcel Kinsbourne (1992) "Time and the Observer, " *Behavioral and Brain Sciences* 15 (2): 183-201.

Dretske, Fred I. (1969) *Seeing and Knowing*, Chicago: University of Chicago Press.

——(1993) "Conscious Experience, " *Mind* 102 (406): 263-283.

Ellis, Willis Davis (1938) *Source Book of Gestalt Psychology*, London: Kegan Paul.

Evans, Gareth (1982) *The Varieties of Reference*, Oxford: Oxford University Press.

Farkas, Katalin (2008a) "Phenomenal Intentionality without Compromise, " *Monist* 91 (2): 273-293.

——(2008b) *The Subject's Point of View*, Oxford: Oxford University Press.

Fodor, Jerry A. (1987) *Psychosemantics: The Problem of Meaning in the Philosophy of Mind*, Cambridge, MA: MIT Press.

Frege, Gottlob (1948) "Sense and Reference, " *Philosophical Review* 57 (3): 209-230.

——(1956) "The Thought: A Logical Inquiry, "*Mind* 65 (259): 289-311.

Gallagher, Shaun, and Dan Zahavi (2012) *The Phenomenological Mind*, London: Routledge.

Geach, Peter (1969) "What Do We Think With?" in *God and the Soul*, South Bend, IN: St. Augustine's Press, 3-41.

Goldman, Alvin (1993) "Consciousness, Folk Psychology, and Cognitive Science, " *Consciousness and Cognition* 2 (4): 364-382.

Gurwitsch, Aron (1964) *The Field of Consciousness,* Pittsburgh, PA: Duquesne University Press.

——(1966) *Studies in Phenomenology and Psychology*, Evanston, IL: Northwestern University Press.

Hardy, Godfrey Harold (1992) *A Mathematician's Apology,* Cambridge: Cambridge University Press.

Harman, Gilbert (1990) "The Intrinsic Quality of Experience, " *Philosophical Perspectives* 4: 31-52.

Hawley, Katherine, and Fiona Macpherson (2011) *The Admissible Contents of Experience*, Malden, MA: Wiley-Blackwell.

Horgan, Terence (2011) "From Agentive Phenomenology to Cognitive Phenomenology: A Guide for the Perplexed, " in Tim Bayne and Michelle Montague (eds.), *Cognitive Phenomenology*, Oxford: Oxford University Press, 57-78.

Horgan, Terence, and George Graham (2012) "Phenomenal Intentionality and Content Determinacy, "in Richard Schantz (ed.), *Prospects for Meaning*, Berlin: De Gruyter.

Horgan, Terence E. , and John L. Tienson (2002) "The Intentionality of Phenomenology and the Phenomenology of Intentionality, " in David J. Chalmers (ed.), *Philosophy of Mind: Classical and Contemporary Readings*, Oxford: Oxford University Press, 520-533.

Horgan, Terence E. , John L. Tienson, and George Graham (2006) "Internal- World Skepticism and the Self-Presentational Nature of Phenomenal Consciousness, " in Uriah Kriegel and Kenneth Williford (eds.), *Self-Representational Approaches to Consciousness,* Cambridge, MA: MIT Press, 41-61.

Husserl, Edmund (1982) *Ideas Pertaining to a Pure Phenomenology and to a Phenomenological Philosophy*, Book 1: *General Introduction to a Pure Phenomenology,* The Hague: Martinus Nijhoff.

——(1997) *Thing and Space*, vol. 7 of *Collected Works*, Dordrecht: Kluwer.

Jacobson, Daniel (2011) "Fitting Attitude Theories of Value, " in Edward N. Zalta (ed.), *The Stanford Encyclopedia of Philosophy* (Spring 2011 ed.), <http://plato.stanford.edu/entries/fitting-attitude-theories/>.

Jago, Mark (2014) *The Impossible: An Essay on Hyperintensionality*, Oxford: Oxford University Press.

James, William (1983) *The Principles of Psychology*, Cambridge, MA: Harvard University Press.

Jenkins, C. S. I. (2011) "Is Metaphysical Dependence Irreflexive?" *Monist* 94 (2): 267-276.

Koffka, Kurt (1935) *The Principles of Gestalt Psychology*, London: Routledge & Kegan Paul.

Koksvik, Ole (2011) "Intuition, " diss. , Australian National University.

Kriegel, Uriah (2009) *Subjective Consciousness: A Self-Representational Theory*, Oxford: Oxford University Press.

——(2011) *The Sources of Intentionality*, Oxford: Oxford University Press.

——(2013) "The Phenomenal Intentionality Research Program, " in U. Kriegel (ed.), *Phenomenal Intentionality*, Oxford: Oxford University Press, 1-26.

——(2015) *The Varieties of Consciousness*, Oxford: Oxford University Press.

Kriegel, Uriah, and Kenneth Williford (eds.) (2006) *Self-Representational Approaches to Consciousness*, Cambridge, MA: MIT Press.

Kripke, Saul A. (1980) *Naming and Necessity*, Cambridge, MA: Harvard University Press.

——(1982) *Wittgenstein on Rules and Private Language*, Cambridge, MA: Harvard University Press.

Lakatos, Imre (1976) *Proofs and Refutations: The Logic of Mathematical Discovery*, Cambridge: Cambridge University Press.

LePore, Ernest, and Barry M. Loewer (1986) "Solipsistic Semantics, " *Midwest Studies in Philosophy* 10 (1): 595-614.

Levine, Joseph (2011) "On the Phenomenology of Thought, "in Tim Bayne and Michelle Montague (eds.), *Cognitive Phenomenology*, Oxford: Oxford University Press, 103-120.

Loar, Brian (2003) "Phenomenal Intentionality as the Basis of Mental Content, "in Martin Hahn and B. Ramberg (eds.), *Reflections and Replies: Essays on the Philosophy of Tyler Burge*, Cambridge, MA: MIT Press, 229-258.

Lormand, Eric (1996) "Nonphenomenal Consciousness, " *Noûs* 30 (2): 242-261.

Lycan, William G. (1996) *Consciousness and Experience,* Cambridge, MA: MIT Press.

Mason, Elinor (2011) "Value Pluralism, " in Edward N. Zalta (ed.), *The Stanford Encyclopedia of Philosophy* (Fall 2011 ed.), <http: //plato. stanford. edu/ entries/value-pluralism/>.

McDowell, John (1979) "Virtue and Reason, " *Monist* 62 (3): 331-350.

——(1981) "Anti-Realism and the Epistemology of Understanding, " in Herman Parret and Jacques Bouveresse (eds.), *Meaning and Understanding*, Berlin: De Gruyter, 225-248.

——(1984) "Wittgenstein on Following a Rule, " *Synthese* 58 (March): 325-364.

——(1986) "Singular Thought and the Extent of 'Inner Space', " in John McDowell and Philip Pettit (eds.), *Subject, Thought, and Context*, Oxford: Clarendon Press.

——(1994) *Mind and World*, Cambridge, MA: Harvard University Press.

——(1998) *Meaning, Knowledge, and Reality*, Cambridge, MA: Harvard University Press.

MacFarlane, John (2005) "The Assessment Sensitivity of Knowledge Attributions, " in *Oxford Studies in Epistemology*, vol. 1, Oxford: Oxford University Press, 197-233.

McGurk, Harry, and MacDonald, John (1976)"Hearing Lips and Seeing Voices, "*Nature* 264: 246-248.

Mendola, Joseph (2008) *Anti-externalism*, Oxford: Oxford University Press.

Mill, John Stuart (1987) *Utilitarianism and Other Essays*, London: Penguin Books.

Montague, Michelle (2010) "Recent Work on Intentionality, " *Analysis* 70 (4): 765-782.

Neta, Ram (2014)"Chalmers' Frontloading Argument for A Priori Scrutability, " *Analysis* 74 (4): 651-661.

Nida-Rümelin, Martine (2011)"Phenomenal Presence and Perceptual Awareness: A Subjectivist Account of Perceptual Openness to the World, " *Philosophical Issues* 21 (1): 352-383.

O'Callaghan, Casey (2011)"Against Hearing Meanings, "*Philosophical Quarterly* 61 (245): 783-807.

O'Shaughnessy, Brian (2000) *Consciousness and the World,* Oxford: Oxford University Press.

Palmer, Stephen E. (1990) "Modern Theories of Gestalt Perception, " *Mind and Language* 5 (4): 289-323.

Pautz, Adam (2013) "Does Phenomenology Ground Mental Content?"in Uriah Kriegel (ed.), *Phenomenal Intentionality*, Oxford: Oxford University Press, 194-234.

Peacocke, Christopher (1983) *Sense and Content: Experience, Thought, and Their Relations*, Oxford: Oxford University Press.

Pitt, David (2004) "The Phenomenology of Cognition, or, What Is It Like to Think That P?" *Philosophy and Phenomenological Research* 69 (1): 1-36.

——(2009) "Intentional Psychologism, " *Philosophical Studies* 146 (1): 117-138.

——(2011) "Introspection, Phenomenality, and the Availability of Intentional Content, "in Tim Bayne and Michelle Montague (eds.), *Cognitive Phenomenology,* Oxford: Oxford University Press, 141-173.

Prinz, Jesse (2011) "The Sensory Basis of Cognitive Phenomenology, "in Tim Bayne and Michelle Montague (eds.), *Cognitive Phenomenology*, Oxford: Oxford University Press, 174-196.

Putnam, Hilary (1975) "The Meaning of 'Meaning', "in Keith Gunderson (ed.), *Language, Mind, and Knowledge,* Minnesota Studies in the Philosophy of Science, vol. 7: 131-193.

Quine, W. V. O. (1960) *Word and Object*, Cambridge, MA: MIT Press.

Raz, Joseph (1986) *The Morality of Freedom*, Oxford: Oxford University Press.

Rosen, Gideon (2010) "Metaphysical Dependence: Grounding and Reduction," in Bob Hale and Aviv Hoffmann (eds.), *Modality: Metaphysics, Logic, and Epistemology,* Oxford: Oxford University Press, 109-136.

Rosenthal, David M. (1986) "Two Concepts of Consciousness, " *Philosophical Studies* 49 (May): 329-359.

Russell, Bertrand (1903) *Principles of Mathematics,* London: Routledge.

——(1905) "On Denoting, " *Mind* 14 (56): 479-493.

——(1910) "Knowledge by Acquaintance and Knowledge by Description, " *Proceedings of the Aristotelian Society* 11: 108-128.

——(1912) *The Problems of Philosophy*, London: Home University Library.

Schaffer, Jonathan (2009) "On What Grounds What, " in David Manley, David J. Chalmers, and Ryan Wasserman (eds.), *Metametaphysics: New Essays on the Foundations of Ontology,* Oxford: Oxford University Press, 347-383.

Schroeter, L. (2014) "Scrutability and Epistemic Updating. " *Analysis* 74 (4): 638-651.

Schwitzgebel, Eric (2008) "The Unreliability of Naive Introspection, " *Philosophical Review* 117 (2): 245-273.

Searle, John R. (1983) *Intentionality: An Essay in the Philosophy of Mind*, Cambridge: Cambridge University Press.

——(1987) "Indeterminacy, Empiricism, and the First Person, " *Journal of Philosophy* 81 (March): 123-146.

Sellars, Wilfrid (1954)"Some Reflections on Language Games, "*Philosophy of Science* 21(3):

204-228.

Sider, Theodore (2011) *Writing the Book of the World*, Oxford: Oxford University Press.

Siegel, Susanna (2006a) "How Does Phenomenology Constrain Object-Seeing?" *Australasian Journal of Philosophy* 84 (3): 429-441.

——(2006b) "Subject and Object in the Contents of Visual Experience, " *Philosophical Review* 115 (3): 355-388.

——(2006c) "Which Properties Are Represented in Perception?" in Tamar S. Gendler and John Hawthorne (eds.), *Perceptual Experience*, Oxford: Oxford University Press, 481-503.

——(2010) *The Contents of Visual Experience*, Oxford: Oxford University Press.

Siewert, Charles (1998) *The Significance of Consciousness,* Princeton, NJ: Princeton University Press.

——(2011) "Phenomenal Thought, "in Tim Bayne and Michelle Montague (ed.), *Cognitive Phenomenology*, Oxford: Oxford University Press, 236-267.

——(2012) "On the Phenomenology of Introspection, "in Declan Smithies and Daniel Stoljar (eds.), *Introspection and Consciousness,* Oxford: Oxford University Press, 129-168.

——(2013) "Speaking Up for Consciousness, "in Uriah Kriegel (ed.), *Current Controversies in Philosophy of Mind*, London: Routledge, 199-221.

Sinclair, Nathalie, David Pimm, and William Higginson (eds.) (2006) *Mathematics and the Aesthetic: New Approaches to An Ancient Affinity*, New York: Springer.

Smithies, Declan (2013a) "The Significance of Cognitive Phenomenology, " *Philosophy Compass* 8 (8): 731-743.

——(2013b) "The Nature of Cognitive Phenomenology, " *Philosophy Compass* 8 (8): 744-754.

Snowdon, Paul F. (1990) "The Objects of Perceptual Experience, " *Proceedings of the Aristotelian Society* 64: 121-150.

Soteriou, Matthew (2007) "Content and the Stream of Consciousness, " *Philosophical Perspectives* 21 (1): 543-568.

——(2009) "Mental Agency, Conscious Thinking, and Phenomenal Character, "in Lucy O'Brien and Matthew Soteriou (eds.), *Mental Actions*, Oxford: Oxford University Press, 231-253.

——(2013) *The Mind's Construction: The Ontology of Mind and Mental Action*, Oxford: Oxford University Press.

Spener, Maja (2011) "Disagreement about Cognitive Phenomenology, in Tim Bayne and Michelle Montague (ed.), *Cognitive Phenomenology*, Oxford: Oxford University Press, 268-284.

Stanley, Jason (2014) "Constructing Meanings, " *Analysis* 74 (4): 662-676.

Stocker, Michael (1997) "Abstract and Concrete Value: Plurality, Conflict, and Maximization, " in Ruth Chang (ed.), *Incommensurability, Incomparability and Practical Reason*, Cambridge, MA: Harvard University Press, 196-214.

Strawson, Galen (1994) *Mental Reality*, Cambridge, MA: MIT Press.

——(2011) "Cognitive Phenomenology: Real Life, "in Tim Bayne and Michelle Montague (eds.), *Cognitive Phenomenology*, Oxford: Oxford University Press, 285-325.

Thomasson, Amie L. (2000) "After Brentano: A One-Level Theory of Consciousness, " *European*

Journal of Philosophy 8 (2): 190-210.

Thompson, Brad J. (2010) "The Spatial Content of Experience, " *Philosophy and Phenomenological Research* 81 (1): 146-184.

Trogdon, Kelly (2013) "An Introduction to Grounding, "in Miguel Hoeltje, Benjamin Schnieder, and Alex Steinberg (eds.), *Varieties of Dependence: Ontological Dependence, Grounding, Supervenience, Response-Dependence, Basic Philosophical Concepts*, Munich: Philosophia, 97-122.

Tye, Michael (1995) *Ten Problems of Consciousness: A Representational Theory of the Phenomenal Mind*, Cambridge, MA: MIT Press.

——(2003) *Consciousness and Persons: Unity and Identity*, Cambridge, MA: MIT Press.

——(2009) *Consciousness Revisited: Materialism Without Phenomenal Concepts*, Cambridge, MA: MIT Press.

Tye, Michael, and Briggs Wright (2011) "Is There a Phenomenology of Thought?" in Tim Bayne and Michelle Montague (eds.), *Cognitive Phenomenology*, Oxford: Oxford University Press, 326-344.

Watzl, Sebastian (2011) "Attention as Structuring of the Stream of Consciousness, " in Christopher Mole, Declan Smithies, and Wayne Wu (eds.), *Attention: Philosophical and Psychological Essays*, Oxford: Oxford University Press, 145-173.

Williamson, Timothy (2007) *The Philosophy of Philosophy*, Malden, MA: Blackwell.

Yablo, Stephen (1993) "Is Conceivability a Guide to Possibility?" *Philosophy and Phenomenological Research* 53 (1): 1-42.

Zahavi, Dan (2005) *Subjectivity and Selfhood: Investigating the First-Person Perspective*, Cambridge, MA: MIT Press.

索 引

（索引中的数字是英文版页码，即本书边码）